从零基础到烹调大师

烹调辅助手段

主编 钱 峰 张 涛

中国商业出版社

图书在版编目(CIP)数据

烹调辅助手段/ 钱峰,张涛主编. －－北京：中国商业出版社，2021.8

ISBN 978－7－5208－1623－6

Ⅰ.①烹… Ⅱ.①钱…②张… Ⅲ.①烹饪－辅助材料－技术培训－教材 Ⅳ.①TS972.111

中国版本图书馆 CIP 数据核字(2021)第 093169 号

责任编辑:李 飞　蔡 凯

中国商业出版社出版发行

010－63180647　www.c－cbook.com

(100053　北京广安门内报国寺 1 号)

新华书店经销

炫彩(天津)印刷有限责任公司印刷

*

787 毫米×1092 毫米　16 开　11.5 印张　260 千字

2021 年 8 月第 1 版　2021 年 8 月第 1 次印刷

定价:68.00 元

*　*　*　*

(如有印装质量问题可更换)

前　言

　　中华饮食文化历史悠久，是中华文化的重要组成部分。中华饮食文化特别是中式烹调技艺在世界饮食文化中占据了重要的地位。在 2021 年 4 月，习近平总书记对职业教育工作作出重要指示强调，在全面建设社会主义现代化国家新征程中，职业教育前途广阔、大有可为。加快构建现代职业教育体系，培养更多高素质技术技能人才、能工巧匠、大国工匠。为更好地贯彻落实全国职业教育大会精神，推进社会主义文化强国建设，弘扬中华饮食文化特别是中式烹调技艺、传播中华美食、传播中华优秀文化，经过多次调研论证，我们邀请部分中国中餐烹调技艺的专家学者和烹饪大师精心编写了这套《零基础到烹调大师——烹饪鲁班工坊系列丛书》。

　　本系列烹饪教材的编写，结合餐饮行业的特点及烹饪人才的需要，根据国家对职业教育的发展要求，以期提高教学质量，改进教学方法，不断推进教学改革，尽快地为社会培养更多更好的烹饪人才。该系列教材既适合高职院校师生使用，又适合中职学校师生及社会培训机构使用。

　　《烹调辅助手段》这门课程，是烹饪专业在系统掌握一些基本功的基础上，需要掌握的一门较为基础的课程，是烹饪菜肴之前必不可少的辅助手段，是理论知识和实践技能很强的一门课程。在内容上坚持以专业的技能需要为重点，有些教材把这一部分作为烹饪技艺的初加工部分，但是它有其一定的独立性，是在烹饪基本功的基础上，为进一步学好烹调技法而必须掌握的基础，它与烹调技法相辅相成。它涉及到了烹饪专业教学中的原料学、刀工、火候、烹饪技法等方面。作为辅助课程，在教学方法与教学手段上，灌入先进的教学理念指导教学；灵活运用多种教学方法，既有理论知识，也有实践技能，还有一定的范例，便于调动学生学习积极性，提升学生学习能力，特别是重视在实践教学中培养学生的实践能力和创新能力。

　　在课程设计思路上，坚持以能力为本位，既注重基础理论知识，更重视实践基础能力的养成，突出了职业教育的特色；在课程内容与结构上，力求内容充实、结构合理。既有理论知识，也有实践技能，并配有一定的范例，便于指导学生操作，为进一步系统学习烹调技法打下基础，对学生的专业技能学习有极其重要的指导作用。

本书由江苏省徐州技师学院钱峰、张涛担任主编，全书由钱峰统稿整理。

本书在编写过程中，得到了江苏省徐州技师学院相关领导的大力支持，在此表示衷心的感谢。

由于编者时间仓促、水平有限，缺点遗漏在所难免，书中不妥之处，恳请专家、同行及广大读者批评指正。

编者

2020 年 7 月

目 录

第一章 加热工艺 (1)
第一节 加热对食物的影响 (3)
第二节 火力 (15)
第三节 火候 (22)

第二章 焯水工艺 (31)
第一节 焯水的概念和作用 (33)
第二节 焯水的方法 (36)
第三节 焯水范例 (39)

第三章 过油工艺 (41)
第一节 过油的概念和作用 (43)
第二节 过油的方法 (48)
第三节 过油范例 (54)

第四章 走红工艺 (57)
第一节 走红的概念和作用 (59)
第二节 走红的方法 (61)
第三节 走红范例 (63)

第五章 汽蒸工艺 (65)
第一节 汽蒸的概念和作用 (67)
第二节 汽蒸的方法 (70)
第三节 汽蒸范例 (75)

第六章 制汤工艺 (79)
第一节 制汤的概念和作用 (81)
第二节 制汤的方法 (85)
第三节 制汤范例 (89)

第七章 勾芡工艺 (95)
第一节 勾芡的概念和作用 (97)
第二节 勾芡的方法 (105)

  第三节 勾芡范例……………………………………………………(108)

第八章 挂糊工艺……………………………………………………(111)
  第一节 挂糊的概念和作用………………………………………(113)
  第二节 挂糊的方法………………………………………………(116)
  第三节 挂糊范例……………………………………………………(121)

第九章 上浆工艺……………………………………………………(125)
  第一节 上浆的概念和作用………………………………………(127)
  第二节 上浆的方法………………………………………………(133)
  第三节 上浆范例……………………………………………………(137)

第十章 拍粉工艺……………………………………………………(141)
  第一节 拍粉的概念和作用………………………………………(143)
  第二节 拍粉的方法………………………………………………(144)
  第三节 拍粉范例……………………………………………………(146)

第十一章 码味工艺…………………………………………………(149)
  第一节 码味的概念和作用………………………………………(151)
  第二节 码味的方法………………………………………………(152)
  第三节 码味范例……………………………………………………(154)

第十二章 装盘工艺…………………………………………………(155)
  第一节 装盘的概念和作用………………………………………(157)
  第二节 装盘的方法………………………………………………(160)
  第三节 装盘范例……………………………………………………(164)

第十三章 盘饰工艺…………………………………………………(165)
  第一节 盘饰的概念和作用………………………………………(167)
  第二节 盘饰的方法………………………………………………(172)
  第三节 盘饰范例……………………………………………………(174)

第 一 章

加热工艺

第一节　加热对食物的影响

一、烹的概念和发展

烹就是对食物原料加热，使之成熟。由于古时加热离不开火，因此，烹起源于火的利用。烹与调有机结合，形成了我国极具特色的烹调技艺。因此说烹调是研究如何通过恰当的控制温度（用火）、合理的调味、科学的烹制方法，把加工整理、切配成形的食物原料，烹调成符合营养卫生、美观可口的菜肴，并使原料得到合理使用，是一门具有一定艺术性和科学性的技术学科，其历史悠久。

1. 萌芽时期

在新石器时代，食物原料多系渔猎的水鲜和野兽，还有驯化的禽畜、采集的草果及试种的五谷；调味品主要是粗盐；炊具是陶制的鼎、甑、鬲、釜、罐和地灶、砖灶、石灶；燃料仍系柴草；还有粗制的钵、碗、盘、盆作为食具，烹调方法是火炙、石燔与水煮、汽蒸并重，较为粗放。

在夏商周时期，系中国烹饪发展史上的初级发展阶段。它在许多方面都有突破，对后世影响深远。烹调原料显著增加，习惯于以"五"命名，如"五谷"（稻、黍、稷、麦、豆），"五菜"（葵甘、藿碱、薤苦、葱辛、韭酸），"五畜"（牛、羊、猪、犬、鸡），"五果"（枣、李、栗、杏、桃），"五味"（酸、甜、苦、辣、咸），"五香"（花椒、八角、桂皮、丁香、茴香子）之类；炊饮器皿革新，轻薄精巧的青铜食具登上了烹饪舞台；出现了烘、烤、烧、煮、爆、蒸等烹调方法。

在春秋战国时期，食源进一步扩大，不仅家畜野味共登盘餐，蔬果五谷俱列食谱，而且注意水产资源的开发，在南方的许多地区，鱼虾龟蚌与猪狗牛羊同处于重要的位置，这是前所未有的；炊具出现了铁制器皿，较之青铜炊具更为先进，为油烹法的问世准备了条件；与此同时，动物性油脂和调味品，也日渐增多，花椒、生姜、桂皮、小蒜运用普遍，菜肴制法和味型也有新的变化，并且出现了简单的冷饮制品和蜜渍、油炸点心等。

2. 形成时期

在烹饪原料方面，在先秦五谷、五畜、五菜、五果、五味的基础上，汉魏六朝的食料进一步得到扩充。张骞通西域后，相继从阿拉伯等地引进了茄子、大蒜、西瓜、黄瓜、扁豆、刀豆等蔬菜品种，增加了素食的品种。特别重要的是，从西域引进芝麻后，人们学会了用它榨油，从此，植物油便登上了中国烹饪原料的大舞台，促使油烹法的诞生。

在烹饪用具方面，铁器取代了铜器，并已逐步向轻薄小巧的方向发展。

在烹调方法方面，汉魏时期出现了两次厨务大分工，首先是红白两案的分工，接着是炉与案的分工。这有利于厨师集中精力专攻一行，提高技术。在烹调技法上，也比先秦精细，已广泛应用油炸法、油煎法等。

在烹饪理论方面，这一时期可以说是由"术"到"学"的飞跃阶段，已经开始把烹调技术作为专门学问而加以研究。这一时期出现了很多关于烹调技术的著述，如西晋何曾的《安平公食学》、北齐谢讽的《食经》、南北朝时虞悰的《食珍录》等书，都是世界上最早的有关烹调技术的著述。

3.发展时期

此阶段先后经历过隋、唐、五代十国、北宋、辽、西夏、南宋、金、元等20多个朝代是中国烹饪发展史上的第二个高潮。

在烹饪原料方面，从西域和南洋引进的品种更多，同时国内食物资源也进一步开发，尤其是海产品用量激增。

炊饮器皿方面向小巧、轻薄、实用的方向发展。

从燃料看，这时较多使用煤炭，部分地区还使用天然气和石油；有了耐烧的"金刚炭"（焦煤）、类似蜂窝煤的"黑太阳"，以及相当于火柴的"火寸"。

在烹调技法方面，隋、唐、宋、元的突出成就是工艺菜式（包括食雕冷拼和造型大菜）的勃兴。这一时期加工工艺开始变得精细，出现了剞刀技术和炒、爆等技术，菜点品种显著增多，宴席华贵丰盛，菜肴外形美观更为世人所重视。餐饮市场繁荣，风味菜点相继问世。

烹饪理论方面，又出现了一批颇有价值的食谱。如"药王"孙思邈的《千金药方·食治》、孟诜的《食疗草本》、元代饮膳太医忽思慧的《饮膳正要》等。

4.繁荣时期

是指明清时期，这一阶段政局稳定，经济上升，物资充裕，饮食文化发达，是中国烹饪史上第三个高潮，硕果累累。

烹饪原料随着中外文化的交流，使食源更为充沛，从陆产到水产，各种原料无所不用。烹调方法空前增多，工艺规程日益规范，菜点质量更上一层楼。

筵席发展到明清，已日趋成熟。餐室富丽堂皇，环境雅致舒适；筵席设计注重套路、气势和命名；各式全席颖脱而出，制作工艺美轮美奂；少数民族酒筵发展，并显现出不同的民族礼俗。特别是以"满汉全席"为标志的超级大宴活跃在南北，中国饮膳结出硕大的花蕾，达到了古代社会的最高水平，获得"烹饪王国"的美誉。

饮食市场已向专业化、集约化发展，同时全国各地的烹饪体系已经形成，各种风味流派蓬勃发展。

二、加热对烹饪原料的作用

烹饪原料在加热过程中，会产生多种物理与化学变化。研究这些变化，对恰当地掌握火候，最大限度地保持食物中营养成分，制成色、香、味、形俱佳的菜肴，具有指导意义。

(1) 分散作用

分散作用包括吸水、膨胀、分裂和溶解等。各种蔬菜和水果都含有一定数量的植物胶素，在加热过程中胶素会软化，与水混合成胶液，在加热中细胞膜破裂，营养素与水溢出，所以蔬菜加热后出现汤汁，而且汤汁中含有很丰富的营养，不宜弃去，应尽量食用。我们还可以利用果品中富含的胶素，加入适量的水进行加热，制成各种果酱和果冻。又如，各种薯类原料中含有大量的淀粉，它不溶于水，但在高温中能吸水膨胀，使淀粉粒的各层分离而成糊状。

(2) 水解作用

烹饪原料在水中加热时，很多成分会水解，使汤汁鲜美，如肉类中的蛋白质，在水中加热后能分解成各种氨基酸，肉类结缔组织中的弹性蛋白质会被分解为吸水较强的动物胶，这种动物胶在加热时会成为胶体溶液，冷却后变成固体的胶冻，如皮冻就是弹性蛋白质水解的产物，也是水解作用的结果。同时，随着生胶质的水解，原料纤维便分离，使肉呈柔软酥烂状态。

(3) 凝固作用

在加热过程中，含有水溶性蛋白质多的烹饪原料容易产生变性，温度越高变性越快，加热时间越长凝固得越硬。此外，在烹制菜肴过程中有电解质存在时，蛋白质的凝结会更加迅速。如食盐也是一种电解质，人们往往在烧煮大豆、牛肉或需要浓白汤时，都是最后放入食盐。否则，会使原料中的蛋白质过早凝固，而难溶于汤水中，影响菜肴的酥烂和汤汁的浓度。当然，在烹制菜肴过程中要根据具体情况灵活掌握放食盐时间。

(4) 酯化作用

含脂肪多的烹饪原料与水一起加热时，一部分水解为脂肪酸和甘油，如放入黄酒和香醋，就会化合成为有芳香气味的酯类，酯类比脂肪容易挥发，香味诱人。所以，在烹饪动物性原料时加入一些黄酒、香醋，能使菜肴更加香醇。

(5) 氧化作用

动植物原料所含用的各种维生素在与空气接触时容易被氧化破坏，在加热过程中或遇到酸、碱等情况下会加快氧化速度，使维生素受到破坏，所以，烹制含维生素的烹饪原料时，尽量不要放碱或苏打等物质，并且加热的时间也不宜过长。

(6) 其他作用

烹饪原料在加热时，除了上述几种主要变化外，还会发生其他作用。例如，虾蟹煮熟后变红色，这是因为虾蟹中的虾红素的缘故；又如，鸡蛋加热时间过长，表面往往会呈现一层暗绿色，这是由于蛋黄中的铁质与蛋白中的硫元素结合，而产生硫化铁所造成的。

三、加热对烹饪原料的影响

在烹调过程中的火候、辅助原料及加热方法对烹饪原料都有影响，具体分述如下。

1. 用油作辅助原料

一般多用旺火，因油的沸点较高，烹饪原料表面会受高温，迅速地干燥收缩，凝结一层薄膜使外部变得酥脆，而内部水分不易溢出，所以呈外脆里嫩状态，且有干香气味。

2. 用水作辅助原料

在加热过程中，用水作辅助原料，可以用旺火、中火或小火，烹饪原料的蛋白质、脂肪、维生素、矿物质等营养都会有一部分溶解在汤汁中使汤汁变得鲜美，汤汁不可去掉，否则营养将损失较多。这里还应该特别注意，蔬菜类在以水为传热媒介时，必须在水沸后再将蔬菜下锅，因为蔬菜通过加热后，对维生素C有较强的破坏作用，如果蔬菜在沸水时下锅，可以减少加热时间，减轻加热对维生素C的分解作用。

3. 蒸对烹饪原料的影响

蒸的方法主要用旺火，它的特点是可使菜肴柔软鲜嫩，保持原料形态的完整；同时蒸笼内水汽与原料的水分处于饱和，原料中的水分不易蒸发，营养成分损失较少。但蒸也有缺点，调味品不易渗透到原料内部去，也就是不易入味，因此蒸的菜肴往往在加热前或加热后还要进行调味。

4. 烘、烤对烹饪原料的影响

用烘、烤的烹调方法，火力必须均匀，它的特点是可使烹饪原料外部干香，内部鲜嫩。烘、烤使烹饪原料在干燥的热空气中受热，原料表面水分急速蒸发，内部浆汁溢出，原料表面的营养素即凝成薄膜，这种薄膜能够阻止原料内部水分向外散发，这就是烘、烤制品外干里嫩的道理。如果是封闭的炉灶，水分蒸发较慢，溢出的浆汁也不易凝固在原料表面，会一滴一滴地落在烤炉内，营养素损失较敞开烘烤为多，另外，泥烤是一种间接烘烤的方式，因为原料用泥层密封，不直接接触火焰，只是慢慢地外烤内焖使烹饪原料成熟。泥烤时，水分不易蒸发，所以口味特别鲜嫩，营养成分损失较小。

四、烹饪中常用的加热器具

烹饪加热设备,如炉具类:燃气炉、蒸柜、电磁炉、微波炉或电烤箱。

(一)炉灶

炉灶按使用气种分为:天燃气灶、人工煤气灶、液化石油气灶、电磁灶。按材质分为:铸铁灶、不锈钢灶、搪瓷灶。按灶眼分为:单眼灶、双眼灶、多眼灶。按点火方式分为:电脉剖点火灶、压电陶瓷点火灶。按安装方式分为:台式灶、嵌入式灶。

燃气灶按照出火的火苗方向可以分为直火燃烧、侧火燃烧、旋转火燃烧。

直火燃烧很常见,就是出气孔朝上,火苗从下到上,垂直于锅底。

侧火燃烧的火盖主要以圆形火孔为主,出气孔不在火盖上面,而在火盖四周,斜向上朝向锅底喷出。

旋转火燃烧的火盖主要为条形火孔,由于出气量适宜、与空气混合较充分,而且火焰温度最高的蓝色部分基本都朝向锅底,因此这种燃烧方式的热效率最高,火力较集中,更适合于爆炒等中国菜式的做法。

(二)微波炉

微波炉(microwave oven/microwave)，顾名思义，就是一种用微波加热食品的现代化烹调灶具。

微波是一种电磁波。微波炉由电源、磁控管、控制电路和烹调腔等部分组成。电源向磁控管提供大约4000伏高压，磁控管在电源激励下，连续产生微波，再经过波导系统，耦合到烹调腔内。在烹调腔的进口处附近，有一个可旋转的搅拌器，因为搅拌器是风扇状的金属，旋转起来以后对微波具有各个方向的反射，所以能够把微波能量均匀地分布在烹调腔内，从而加热食物。微波炉的功率范围一般为500～1000瓦。

随着科学技术的进步，电子技术、传感器技术以及材料技术近年来得到了很大的发展。国内外微波炉研发机构和生产工厂为满足微波炉消费者的使用要求，将各种先进的现代化技术应用于微波炉，推出了一系列新颖先进的微波炉产品。这些微波炉新产品，反映了微波炉技术的发展趋势，主要表现在以下几个方面：

1. 智能优化

采用微电脑控制技术和传感器感测技术，实现微波炉的智能化加热烹调，是微波炉技术发展的一大方向。这种智能化微波炉，无须使用者在操作按键上输入烹调时间、加热功率、食物重量等参数，只要按一下启动按键，微波炉内的传感器就将检测到食物温度、蒸汽湿度等参数不断输出给微电脑控制芯片，微电脑控制芯片进行一系列的运算、比较、分析之后，输出相应的指令，自动控制微波炉的加热时间和功率大小，是智能化全自动烹调。随着模糊控制技术的研究、推广和应用，各种专业用途的模糊控制芯片不断推出，使得微波炉的智能化自动控制技术水平大大提高。

2. 多元功能

随着现代人们生活节奏的加快以及生活质量的提高，对于食品的烹调也提出了更高的要求，因而出现了多功能的微波炉。

3. 节能环保

节能和环保，是当前和今后人类所面临的两大课题，在微波炉产品的设计制造上，同样越来越多地体现了这样的趋势。

4. 有益健康

随着人们健康环保意识的增强，对于食品中热量的限制也愈加重视。作为现代化食品烹调器具的微波炉，能够烹调出低热量的保健食品，是微波炉设计中应注意的发展趋势之一。

5. 操作简便

随着电器功能的增强，往往使其操作方法随之变得比较复杂，这就给人们的使用带来不方便。因此,在微波炉加热烹调功能提高的同时,操作简便化了。

6.加热过长影响品质

如果用微波炉加热牛奶时间过长,会使牛奶中的蛋白质受高温作用,由溶胶状态变成凝胶状态,导致沉积物出现,影响乳品质量。牛奶加热的时间越长、温度越高,其营养流失就越严重,其中维生素C流失得最厉害,其次是乳糖。

7.避免加热保存营养

专业人士还明确表示,直接把袋装奶放进微波炉加热,对人体健康会产生不利影响。如果包装材料上没有注明"可用微波炉加热"的字样,就不适宜直接放入微波炉中加热。

8.根据食物的性状加热

食品初温。食物的本身温度越高,烹调时间就越短;夏天加热时间较冬天时短。

食物量的调整。食物量与加热时间成正比,食物越多加热时间越长。

9.容器选用及食物排列

一般来说,浅而圆直边的容器盛装食物,加热较快且均匀,应优先选用,由于微波对外围的食物加热较快,所以要把厚实粗大部分向外,细小部分排在容器中间并呈放射状置于盘中,以便让不易熟的厚部分多吸收微波能量。

(三)电磁灶

电磁炉又名电磁灶,是现代厨房革命的产物,它无须明火或传导式加热而让热直接在锅底产生,因此热效率得到了极大的提高。是一种高效节能厨具,完全区别于传统所有的有火或无火传导加热厨具。电磁炉是利用电磁感应加热原理制成的电气烹饪器具。

电磁炉与煤气炉相比的几大优点。

1.多功能性

由于它采用的是电磁感应原理加热,减少了热量传递的中间环节,因而其热效率可达80%至92%以上,以1600瓦功率的电磁炉计,烧两升水,在夏天仅需7

分钟，与煤气灶的火力相当。用它蒸、煮、炖、涮样样全行，即使炒菜也完全可以。在北京，有许多家庭还没有使用管道燃气，但自从用上电磁炉之后，液化气罐反而成了备用厨具。电磁炉完全可以取代煤气灶，而不像电火锅、微波炉那样，仅是煤气灶的补充，这是它最大的优势所在。

2. 清洁

由于其采用电加热的方式，没有燃料残渍和废气污染。因而锅具、灶具非常清洁，使用多年仍可保持鲜亮如新，使用后用水一冲一擦即可。电磁炉本身也很好清理，没有烟熏火燎的现象。这在其他炉具是不可想象的，煤气灶具没用多长时间就是黑乎乎的一层。同样，微波炉的内腔清理是非常令人头疼的事情，而使用电磁炉却没有这些麻烦。它无烟、无明火、不产生废气，外形简洁，工作起来静悄悄的。

3. 安全

电磁炉不会像煤气炉那样，易产生泄漏，也不产生明火，不会成为事故的诱因。此外，它本身设有多重安全防护措施，包括炉体倾斜断电、超时断电、干烧报警、过流、过压、欠压保护、使用不当自动停机等，即使有时汤汁外溢，也不存在煤气灶熄火跑气的危险，使用起来省心。尤其是炉子面板不发热，不存在烫伤的危险，令老人和儿童倍感放心，它的安全性明显优于其他炉具。

4. 方便

电磁炉本身仅几斤重，拿上它随便去哪都不成问题，只要有电源的地方它就能使用。电磁炉结构简单、维修方便，它设有多段火力选择，使用起来像燃气一样方便。它具有的定时功能十分便利。尤其是在炖、煮、烧热水的时候，人可以走开做其他的事情，既省心又省时。

5. 经济

电磁炉是用电大户，要用它作为厨房主流厨具时，功率一定要选择1600瓦以上的。但是，由于电磁炉加热升温快速、目前电价相对又较低，计算起来，电费并不多。

(四)蒸车

蒸车,又称蒸柜、蒸机或蒸箱。是指利用电、燃气发热,蒸煮的大型厨房烘烤设备。内部采用不锈钢蒸盘(不锈钢方盘)作为容器,为了方便移动,在设备下方安装有万向轮,故外形似车。车身为柜体状,材质为不锈钢,一般多用不锈钢制造。蒸饭车多用于酒店、部队、学校工厂等大型食堂。蒸饭车除了用来蒸米饭、馒头、包子以外,还可蒸猪肉、鸡鸭等肉食,还有专门用来蒸海鲜的海鲜蒸柜,也可以炖汤。

按加热方式可分为燃气蒸车、电热蒸车、电气两用蒸车。

按规格大小可分为单门蒸车、双门蒸车以及三门蒸车。

按性能特点还可分为普通蒸车、豪华型蒸车、数码蒸车,以及专门用来蒸海鲜的海鲜蒸柜。

使用事项

1.使用蒸车前必须安装漏电保护开关,检查电器线路,外壳要有效接地,接线要牢固。在未装漏电保护开关和有效接地的情况下严禁使用。

2.使用前将机器安放平整,接上输入蒸汽管道,将饭盘、馒头盘等放进箱内,加入部分清水,送电(或蒸汽)经30分钟能达到良好消毒作用,然后放入大米、馒头及菜类。

3.用电加热时,必须将水箱加满水,切勿缺水送电,以防烧坏电器。

4.用蒸汽加热时,将需蒸煮食品放入箱内关上门,蒸饭车顶上配有气压安全球阀,气压达到一定的压力时气压球阀自动冲开蒸汽逸出,属正常现象,严禁用物体压住气压球阀。

5.蒸车非高压密闭容器,允许有少量蒸汽从门缝逸出,当蒸汽输入数分钟后,蒸汽逸出较刚输入时有所增加属正常现象。

6.蒸车箱外壳不宜接近酸碱之类腐蚀物,以防腐蚀氧化。

7.蒸毕后应清洗蒸箱,并定期擦洗电热元件表面(一般一周两次)但不得用过硬的金属铲刮表面,及时更换水箱用水。

(五)烤箱

烤箱是一种密封的用来烤食物或烘干产品的电器,分为家用电器和工业烤箱。家用烤箱可以用来加工一些面食。工业烤箱,为工业上用来烘干产品的一种设备,有电的、有瓦斯的,又叫烤炉、烘干箱等。

电烤箱是利用电热元件所发出的辐射热来烘烤食品的电热器具,利用它我们可以制作烤鸡、烤鸭、烘烤面包、糕点等。根据烘烤食品的不同需要,电烤箱的温度一般可在50℃~250℃范围内调节。

通常分为三控自动型(定时、调温、调功率)、控温定时型和普通简易型。

烤箱使用注意事项:

1.第一次使用电烤箱的时候要注意清洁

先用干净湿布将烤箱内外擦拭一遍,除去一些尘埃。然后可以空着炉使用高温烤一阵子,有时候可能会冒出白烟,这属于正常现象。烤完后要注意通风散热。

2.清洁过后可以正常使用电烤箱

在烘烤任何食物前,需先预热至指定温度,才能符合食谱上的烘烤时间。烤箱预热约需10分钟,若烤箱预热空烤太久,也有可能影响烤箱的使用寿命。

3.小心正在加热中的烤箱,以免被烫伤

除了内部的高温,外壳以及玻璃门也很烫,所以在开启或关闭烤箱门时要小心,以免被玻璃门烫伤。将烤盘放入烤箱或从烤箱取出时,一定要使用柄,严禁用手直接接触烤盘或烤制的食物。切勿使手触碰加热器或炉腔其他部分,以免烫伤。

4.烤箱在使用时，应先将温度调好

烤箱在使用时，应先将温度调好上火、下火，上下火调整好，然后顺时针拧动时间旋钮（千万不要逆时针拧），此时电源指示灯发亮，证明烤箱在工作状态。在使用过程中，假如我们设定30分钟烤食物，但是通过观察，20分钟食物就烤好，那么我们这个时候不要逆时针拧时间旋钮，请把三个旋钮中间的火位档，调整到关闭就可以了，这样可以延长机器的使用寿命。这与微波炉的用法是不同的，微波炉可以逆转。

5.每次使用完待其冷却后应进行清洁

应该注意的是，在清洁箱门、炉腔外壳时应用干布擦抹，切忌用水清洗。如遇较难清除的污垢时可用洗洁精轻轻擦掉。电烤箱的其他附件如烤盘、烤网等可以用水洗涤。

6.烤箱一定要摆放在通风的地方

不要太靠墙，便于散热。而且烤箱最好不要放在靠近水源的地方，因为工作的时候烤箱整体温度都很高，如果碰到水的话会造成温差。

7.烤箱工作时，不要长时间守在烤箱前

不要长时间守在烤箱前面。如果烤箱的玻璃门发现有裂痕之类的请立刻停止使用。

 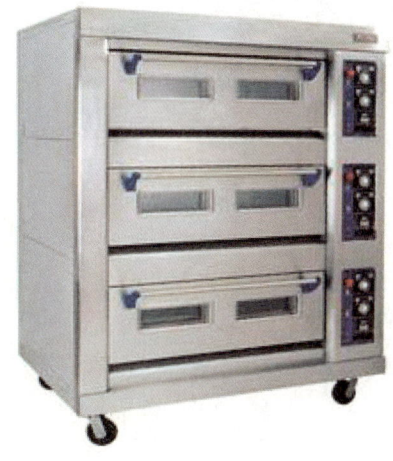

1. 简述烹的起源和发展。
2. 加热对烹饪原料有什么作用?
3. 简述加热对烹饪原料的影响。

第二节 火力

火力指烹饪中火的大小及温度的高低。火力随炉灶的结构、燃料的性质以及气候的变化有所不同。在烹调过程中一般采用的火力有旺火、中火、小火、微火4种。火力的大小，通常以火焰的高低，火的颜色程度以及热传递的强弱来区别。

一、火力的大小

火候处理，俗称"看火"，是根据火焰的高低、火色的不同、火光的明暗及热度的大小进行控制和调解的。在烹饪过程中，火候可分为旺火、中火、小火和微火这四种火力，采用不同的火力能烹饪出不同的菜肴。

1.旺火

旺火一般也被称为武火、猛火和急火。即是煤气灶的阀门开到最大限度。火势喷时猛烈，火焰包起锅底，并有"呼呼"的响声，有灼人的热气，旺火适用于快速烹调的菜肴。这种火候处理方式是采用最强的火力，用来制作"抢火候"菜肴的烹制，常用于炒、爆、烹、炸等烹调方法，或烹制汤、羹类菜肴，如鲜带子西兰花、葱爆牛柳、爆炒豆苗等。在大型宴会上的炸类菜肴、汤羹类菜肴，也要用旺火烹制，才能缩短菜肴的上菜时间。用旺火烹制这类菜肴，不仅可以保证质量，而且也能减少营养成分的损失，保持菜肴的鲜美脆嫩。其显著特点是：火焰高而稳定，火色呈黄白，比较明亮，且散发出一股灼热逼人的热气。在实际的烹饪过程中，为了缩短菜肴原材料在锅中停留的时间，减少其中营养物质的损失，并保持其原生味，就可以使用旺火进行爆、炒、烹、炸的处理。例如：在烹制"火爆腰花"这道菜时，将原材料下锅后，大火翻炒至七分熟，加入适量的调料，再翻炒几下即可出锅。整个过程从原材料下锅到成菜出锅，用时不到2分钟。

使用旺火烹调的时候，手法也要随之加快，翻锅、翻拌原料、取用油料和调味品的动作要快速、敏捷、准确、熟练，这样才能与火候密切配合，达到理想的烹调效果。

2.中火

中火在烹饪领域通常也被称为文武火，是与大武火（旺火）比较而言。即是煤气灶的阀门开到中等程度，火势喷射不急不慢。火焰直冲锅底，有较轻的"呼呼声"，并散有一定的热气。其主要特点是火苗时而会蹿出炉口，时而会低于炉口，而且火色呈黄红色，火光较亮，具有较大的热力，一般用于菜肴的烧、煮和熘。采用这种方法，能使原材料均匀受热，且能促使调料入味，同时还能保证原材料中的蛋白质成分不被破坏，从而保留原材料的营养价值。中火适用于扒、烧、熘、煮等烹调方法，或炸制体大、质坚的菜肴原料，如干烧鲫鱼、扬州炒饭、脆皮童子鸡等。因为上述菜品的原料，有的呈散碎状，如用旺火，往往搅拌不及时，容易出现焦煳的现象；有的又因体大质坚，又是生料，如用旺火，容易造成外焦里生。

3.小火

小火一般也被称为文火和慢火，即是煤气灶的阀门开到约三分之一的程度。火势软弱，火气较轻，火苗不够锅底，听不见"呼呼"声，感觉不到扩散的热气。这种处理方式，火焰较小，在炉口和燃料层之间时起时伏，而且火色发红、暗淡，火力也偏弱。这种火候处理的方式，主要适用于煎、锅贴、煲、慢烧之类的菜肴。如炒鲜奶、大良燕窝盏、锅贴鲈鱼，上述菜肴的原料，质地鲜嫩易熟，成菜时又要求颜色素洁雅观，如火力过大，不仅会使原料失去鲜嫩的特色，而且也会损坏成菜时的颜色。

4.微火

又称慢火，是煤气灶的阀门刚刚启开，火焰仅在燃料层的表面闪烁，此火火光十分暗淡，火色呈暗红色，热力较小；或采用特殊的专用的小火焰的设备。如果原料在锅内不加盖焖制，往往不会出现明显的滚沸状。一般用于干货原料的涨发。例如海参和蹄筋的涨发。在烹调时还常为补助性的加温方法，一般不适用于烹调菜肴。如有些用熬、炖、煲、焖等烹调方法制成的菜肴，没有上菜之前，就必须预先制好，以便随时听取需要，一般都需在微火上保持热度，处于似滚非滚的状态。另外，一些酥烂入味的菜肴，有时也需要微火慢煲的方法。此外，也可以用于菜肴的保温。

当然，在菜肴烹饪的过程中，并不是全程只用一种火候，而是根据菜肴烹制的需求，灵活调节处理，可以先旺火，后小火；也可以先小火，后旺火；还可以旺、中、小火交叉使用，从而达到预定的目的。

火候对于菜肴烹饪具有直接的关系。要掌握火候，除直接鉴别火焰高低、火的颜色和光度外，应注意识别原料的温度变化。火过旺时，应将锅立即撤离火口或者减小控制火力；锅内温度不足时，应把火力增大。

在实际的操作中，烹饪人员应认真观察，不断总结经验，这样才能在烹饪过程中恰到好处地处理火候。

二、热的传递方式

食物在加热过程中，可以通过传导、对流、辐射三种方式进行加热，一般传热的途径（微波炉加热除外）是：热源→介质→物料。要使烹饪原料成熟必然要使热源和原料之间形成温度差,这样热的传递就可以进行了,食物也可由生变熟,但由于成熟手段不一,会使食物成熟的效果不同。例如,一只鸡放入锅中加热,用旺火沸水或小火微沸水加热都可以使之成熟,但成熟后的口感不同,一种是刚熟,口感较嫩;另一种是久熟,口感较烂。这说明不同的火候加热,对成熟度有影响,需要我们从食物的外部传热和食物内部传热两方面来看。

(一)食物的外部传热

食物的外部传热可分成两个阶段:一个阶段是热源将热传给介质;另一个阶段是介质再将热传给食物。由于介质不同,传热的结果也不同,通常介质的种类可分成固态、液态和气态三种。下面分别介绍其传热机理。

1.热源加热固态介质

一般固态介质有金属、泥、沙、盐等几种。在被加热时分两步:

第一,热空气→介质外部,主要方式是热对流;

第二,介质外部→介质内部,主要方式是热传导。

(1)如果要使食物快速成熟,就应加大介质的吸热量,应采取以下措施:

①提高热源的温度,以增加温度差,使固体物质吸收更多的热量。实践中多采用燃烧热值高的燃料的方法。

②增大接触面积,一是增加热源与固体介质的接触面积,如将炉口增大或使用多孔的火眼;二是增加固态介质的表面积,如在相同炉眼中,弓形锅比平底锅有更多的面积。

③增加对流换热系数,如可采用鼓风装置。

④采用热导率大的固体介质和较薄的炊具。

(2)如果要使食物缓慢成熟,并达到软烂的口感,则需要热量的积累,一般可采取以下措施:

①降低热源的温度,减小温差。

②减小接触面积,如改用小火眼,用煲灶加热。

③不采用鼓风装置,减小对流换热系数。

④采用导热率小的固体介质和增加厚度,如叫花鸡,泥的厚度直接影响到加热时间和热量的储蓄。

2.热源加热液态介质

液态介质的种类一般是水和油,由于有流动性,它们都需要固体盛器来辅助,因此加热的过程分三步:

第一步,热空气→固体介质外部,主要传导方式是热对流;

第二步,固体介质外部→固体介质内部,主要传热方式是热传导;

第三步,固体介质内部→流体介质,静止的流体主要传热方式是热传导,流动的流体主要传热方式是热对流。

(1)如果要使食物快速成熟,就应加大介质吸热的量,可采取以下措施:

①提高热源的温度,可选择适宜的燃料,燃烧值越高,其放出的热量就越多。如木炭的燃烧值为33470kJ/kg,无烟煤的燃烧值为31380kJ/g;煤气的燃烧值为46000kJ/g。

②增加原料与锅的接触面积,如将原料切割成大片或小型的料,使其表面积增大,原料成熟得更快。

③加大鼓风量,增加热源与锅底的对流换热系数。现代厨房设备除选用燃烧值高的燃料外,都配有一定鼓风装置。

④采用热导率大和薄型炊具。如炒锅多为熟铁的薄型锅。

⑤增加锅中介质的流动速度。如用手勺搅动使油流动加快,保持水的沸腾等。

(2)要使食物成熟后具有浓厚软烂的口感,则需要采取以下措施:

①降低热源温度。如关小火,调低温度档位等。

②改用平底锅加热或改用小火灶。

③采用热导率较小、厚度大的炊具。如用砂锅进行加热可达到软烂、浓厚的风味。

④保持流体微沸或少搅动流体,可使对流换热系数降低。

以水、油进行加热是实践中应用最多的,合理、巧妙地运用影响传热的各种因素来调节它们,使菜肴达到应有的口感。

3.热源加热气态介质

气态介质分为热空气和热蒸汽两类,这两类加热的机理不一样。

(1)热空气 热空气的传热主要来源于热源的辐射和热对流,而热传导所传递的热量很少。如果要使食物快速成熟,应采取的措施为:加大温差,食物获得的热量就多。对流换热系数大,热量获得就多。如在加热装置中增加风扇,获得的热量也会增加。烤盘上涂黑漆会起到增加热量的作用。增大受热面积,如烤鸭注水、填葱、充气等方法都能增加与热空气的接触面积,使鸭皮胀大。

(2)热蒸汽 热蒸汽是指水加热沸腾后产生的水蒸气。现代厨房多用管道直接供热蒸汽,很少用水加热产汽。要使食物快速成熟,可采取以下措施:增加温差。一般热蒸汽的温度可以达到100℃以上,比水加热速度要快。增加对流换热系数,增大食物的表面积。如蒸鱼时选用金属盘或在鱼下垫葱和姜,使热蒸汽能自由流通。

(二)食物内部的传热

食物的状态一般分为固态和液态,液态食物(如牛奶),主要传热方式为传导和对流。下面重点介绍固态食物的内部加热。

固态食物是不良导体,热量传到食物表面后,进入食物内部后仍需一定的时间才能使食物全部成熟。实验表明,一块1.5～2公斤的牛肉在沸水中煮1.5小时,内部的温度才达到62℃;一条大黄鱼在油中炸,油温达到180℃,鱼表面温度达到100℃左右,但其内部温度才65℃左右。这说明食物的体积越大,传热中所需的路程就越长,那么,加热这类食物时就不能用高温处理,否则,外部水分汽化、干枯,而内部却没成熟。也就是说,水分汽化的速度大于热量传到食物内部的速度。因此,针对食物内部的传热就应采取相应的加热方式和手段。

三、火力演示

1.大火的烹饪应用:

是一种最强的火力,常用于炒、爆、烹、炸等烹调方法,或烹制汤、羹类菜肴。手法要随之加快,翻锅、翻拌原料、取用油料和调味品的动作要快速、敏捷、准确、熟练,这样才能与火候密切配合。可以减少菜肴在加热时间里营养成分的损失,并能保持原料的鲜美脆嫩。

2.中火的烹饪应用:

也叫文火,有较大的热力,适用于扒、烧、熘、煮等烹调方法,或炸制体大、质坚的菜肴原料。

3.小火的烹饪应用:

也称慢火、温火等。此火火焰较小,火力偏弱,适用于煎、锅贴、煲、慢烧之类的菜肴。

4.微火的烹饪应用:

微火的热力小,一般用于酥烂入味的炖、焖等菜肴的烹调,也常在烹调时作为补助性的加温方法。

大火:

烹调辅助手段

中火：

小火：

微火：

1.什么是火力？火力可分为哪几种类型？
2.热的传递方式有哪些？

第三节　火候

一、火候的概念和作用

1.火候的概念

火候是三大基本要素中熟制的中心内容。火候一词原出于古代道家炼丹论著中，指调节火力的文武，后来被形容厨师烹煮、煎熬掌握食物成熟的度。清代文学家袁枚在《随园食单》中专门介绍火候。近代科技的发展使控制火候的技术进一步完善和提高，也使火候的概念从现象的认识过渡到本质的认识。

中国菜的特点就是火候，通常在评价一道菜是否美味时，都会不自觉地用"火候很足"或者"火候还差一点"这样的措辞，这说明火候对于菜肴的质量会产生极大的影响，它是决定菜品质量优劣和烹制是否成功的关键。一道色香味俱全的菜肴，离不开对火候的巧妙掌控，倘若火候掌握不当，菜品就会失去品尝的意义，而这也是一名厨师需要具备的基础技能。不管什么形式的菜品，火候适宜才有可能呈现外形美观、味道鲜美的结果，否则就算再优质的原料和再出神入化的刀工都无法拯救。

许多烹饪类书籍将"火候"定义为"火力的大小和加热时间的长短"。《中国烹饪辞典》解释为："火候指烹制肴馔时烧火的时间长短和火力的大小。因肴馔不同，所以用火的时间长短、火力大小也不同，掌握火候是烹饪者的关键技艺之一。"这其实不是火候的实质，而是一种现象的表述。火候的"火"指火力大小，"候"指时间长短。因决定火力大小的灶具（如燃气灶、电磁炉等）、锅具（如铁锅、砂锅等）、传热媒介（如油、水等）不同，每道菜的制作要求也各不相同，所以在烹饪中想准确掌握火候绝非易事。因为微波、电磁等现代加热手段的普及，火候的定义如只能用火来涵盖一切是不全面的。

因此，火候的概念可以概括为：根据不同的原料的性质、形态，不同的烹法与口味要求，对热源的强弱和加热时间长短进行控制，以获得菜肴由生到熟所需的适当温度。掌握火候，就是在烹调要求的引导下，采用一定的火力对原料加热。在烹调菜品的过程中，面对纷繁复杂、性质不尽相同的菜品，其加热方法和传热物质都存在一定的差异，如果不能有效掌握火候，就无法烹制出色香味俱全的菜肴。

食物由生变熟，达到应有的色、香、味、形，适宜的温度是关键。从一般加热中看，食物温度的获得是来自传热介质，传热介质的温度又来自热源，把握好每个环节就是把握食物加热中的火候，没有掌握火候的能力，就不会形成色、香、味、形俱佳的菜肴。

火候是烹饪原料熟处理过程中的重要因素，它决定了菜肴最终的成功与失败。2000多年前的《吕氏春秋·本味篇》曾记载："五味三材，九沸九变，火为之纪，时急时徐，灭腥去臊解膻，必以其胜，无失其理。"袁枚在《随园食单》中也强调："熟物之法，最重火候。有须武火者，煎炒是也；火弱则物疲矣。有须文火者，煨煮是也；火猛则物枯矣。有先用武火而后用文火者，收场之物是也；性急则皮焦而里不熟矣。有愈煮愈嫩者，腰子、鸡蛋之类是也。有略煮即不嫩者，鲜鱼、蛤蚌之类是也。肉起迟则红色变黑，鱼起迟则活肉变死。屡开锅盖，则多沫而少香。火熄再烧，则走油而味失。道人以丹成九转为仙，儒家以无过、不及为中。司厨者，能知火候而谨伺之，则几于道矣。鱼临食时，色白如玉，凝而不散者，活肉也；色白如粉，不相胶粘者，死肉也。明明鲜鱼，而使之不鲜，可恨已极。"苏轼的《猪肉颂》，文中的"火候足时他自美"，可见火候对菜肴的重要性。由此可见，一盘色、香、味、形俱佳的菜肴，与做菜时火候的巧妙运用分不开，火候运用得恰到好处，菜肴质量就高，无论何种菜肴，只要掌握火候便是掌握制作菜肴的精髓，如此烹饪出的菜肴不论是色泽方面，还是在味道方面都处于上乘，反之，火候运用不到位，或是不能够将其充分掌握，便会影响到菜肴的质量。在烧制的过程中，火候是烹调方法和不同风味菜肴的关键所在，若不能有效掌握火候，便会失去烹调技法的特点和菜肴的特点，根据菜肴的手法和特点，火候的掌握是厨师必须学会的。

2.火候的作用

（1）火候是决定菜肴质量的主要因素。准确把握菜肴的火力大小与时间长短，使原料的成熟恰到好处，就可免除夹生与过火。火候掌握恰当，能使菜肴色泽鲜艳、香气扑鼻、滋味鲜美、形态美观。

（2）火候是形成多种烹调方法和不同风味的重要环节。准确掌握火候，使调味品能渗入，菜肴嫩滑鲜美，色泽、形状能符合要求。

（3）一般的菜肴原料经加热之后部分营养成分分解，恰当使用火候，可减少其营养成分的损失。

（4）火候不够，菜肴加热达不到要求的温度，原料中的细菌就不能杀灭。掌握好火候，有杀菌消毒的作用。

（5）火候的掌握被视为厨师的第一技术，是衡量厨师水平高低的重要标准。

二、火候的掌握

火候的控制在单纯的传统操作中并不容易，因为原料的性质、加热的介质、运用的烹法、原料在加热中的变化、加热设备的可操作性等诸多因素的变化，都会影响到最终结果。

1.根据原料的物性来掌握火候

原料的物性简单地讲是原料的物理性质，它包括原料的形态、大小、质地、颜色、气味等多方面内容。在加热成熟中，原料的物性不一就应该以不同的火候来对待，以充分发挥原料自身的长处，达到应有的品质要求。食材的性质不同，烹饪出来的质感丰富多样，有松、软、脆、嫩等差别，加之烹饪的原料种类纷繁复杂，从头到尾都使用一种火候自然不能满足各种原料的性质。所以，烹饪者要选用准确的火候进行烹调，确保符合成品的要求。例如"酱爆鸡丁""爆炒羊肉"等鸡丁和羊肉都要经历滑油的环节，这两种食材的质地都比较细嫩，所以上浆之后最好采用中火。放入食用油，待其烧至四五成熟时，再加食材。搅动拨散的过程中要使用铁质的筷子，以确保鸡丁滑润鲜美，色泽白净，倘若使用旺火高温滑油，就会使得鸡丁和肉丝水分散失太多，质地就会变老。再如，土豆烧牛肉，牛肉是动物性原料，形大质老，更适宜长时间加热，土豆是植物性原料，相对而言，体小质脆，易成熟，将两种原料放在一起同时加热，显然不合适。要将两种原料分别用不同的火候进行处理，再同时加热以期达到最后软、烂的统一。

适当刀工处理后的原料，由于体积、形态发生了变化，故掌握火候的原则也将改变，一般遵循以下原则：

(1)体积小而薄的，多用高温短时间加热。

小型原料为保持原料的鲜嫩质脆，需要在旺火高温下快速加热，快速成熟，从而达到烹调要求。如爆炒腰花、爆炒鱿鱼等。

(2)体积大而厚的，多用低温长时间加热。

体积大的原料，不容易快速成熟，这时候就需要用小火慢慢加热，使其受热均匀，达到里外熟度一致，若在高温下则会出现外熟里不熟或里面熟了而外面已经熟过的现象。

(3)质老的原料多采用低温长时间加热。

质地老的原料，不容易成熟，需要用小火低温慢慢加热使之成熟。

(4)质嫩的原料多采用高温短时间加热。

质脆的原料成熟快，需要用旺火高温，以保持其脆性。

2.根据传热介质来掌握火候

传热中常用的介质有液、气、固三种，其中液态的以水、油为主，气态的以热空气、热蒸汽为主，固态的以金属为主。每一种介质都有其不同的热导率，传热的效能会不同，所以掌握火候时应区别对待。

(1)以油为传热介质

在质量相同的条件下，温度升高1℃，哪个物体的比热容大，哪个物体所需要的热容量就多。水的比热容大于油的比热容,油升高1℃所用的热量比水要少,另外在油作介质传热时,由于油的热导率比水小,静止的油主要传热方式是传导,此时比水传热慢,所以中国烹饪中的热油封面、明油亮汁都是利用其静止时导热慢、同时散热也慢的特性起保温作用。尽管油的热导率比水小,但油分子运动起来后主要传热方式是对流,热源在放出同样热量的前提下,油会比水吸收的热量要多,升温自然比水快,同时油的沸点高、温域宽,油易与食物形成较大温差,可以使食物的水分迅速汽化。所以,一般情况下油为介质可使食物迅速成熟,可以使食物形成外脆里嫩、里外酥脆、软嫩的口感。

要形成这几种口感应遵循以下原则:

①要形成外脆里嫩的菜肴,运用火候时注意使用中油温(约140℃)短时间处理,再用高油温(约180℃)短时间处理。

②要形成里外酥脆的菜肴,运用火候时使用中油温(约140℃)稍长时间处理,加热中可将原料捞出,使水分蒸发,待油温回升后进行复炸,直到内部水分完全排出。注意油温不能过高,防止原料表面碳化,而不能使原料表面质感一致。

③要形成软嫩型的菜肴,运用火候时应注意用低油温(60℃~100℃)短时间加热原料。

(2)以水为传热介质

水与油不同,其沸点最高只达100℃,这是水具有独特的性质,比如,水的沸腾和微沸现象,虽然它们的温度都是100℃,可结果是不一样的,沸腾的水只能被加速汽化不能被提高温度。事实上,沸腾的水在单位时间内能有更多的传热量,因为沸腾的强烈运动,对流换热系数大,水从热源吸收的热量就多,同时传递的热量就多,因此,食物在沸腾的水中加热就能更快地成熟,短时间内的成熟才能保证食物中的水分不过分地流失,使质感软嫩。

相反,微沸状态的水可以保证单位时间的传热量少,减少水分的过度蒸发。从长时间加热来看,食物中获得的总能量并不少,虽然可能使原料中水分流失,但是保证了食物分子间的键断裂,形成软烂的口感。

因此,一般遵循的原则是:

①要形成软嫩型的菜肴,运用火候时多用沸腾的水短时间加热。以保持原料的水分,快速加热成熟。

②要形成软烂型的菜肴,运用火候时多以微沸的水长时间加热。原料经过较长时间加热,才能使原料软烂,因此,加热的时间较长。

(3)蒸汽为媒介

以蒸汽加热为例。蒸汽加热的温度可以达120℃,饱和水蒸气可快速加热,能减少原料中水分的损失。蒸汽加热可使食物达到软、嫩、烂的口感。

一般遵循的原则是：

①要形成嫩型菜肴，运用火候时要大火，用足汽速蒸。

②要形成烂型菜肴，运用火候时用大火或中火，足汽缓蒸。

③要形成极嫩的菜肴，运用火候时，要用中火，用半汽慢蒸。

3.根据烹调方法来掌握火候

爆、炒、烹等适用于短时间急火加热的烹调方法，比如煸炒肉丝、油焖大虾、油爆乌鱼花等，这类菜肴的制作过程中如果使用文火，食材就会失去脆嫩的感觉，还有一些菜品适合中小火加热，就是炖、煎、扒、贴等做法，比如南煎丸子、猪肉炖粉条、锅贴饺子等。

烹调方法是人们利用介质处理食物的一些技术方法，运用不同的烹调方法可以带给菜肴不同的风味和口感。烹调方法是厨师在长期实践中总结出来的，具有一定的规律性，一般来说，炸、炒、烹、爆、熘、涮、汆等烹法，要求菜肴香、嫩、脆、酥，制作菜肴速度较快，因而多用高温速成。比如炸类菜肴，多用140℃～180℃，经过两次（初炸、复炸）快速加热而成。了解了炸的一般规律，针对菜肴加热就可以有的放矢，将油温直接加热到此温度点，控制时间使原料成熟；炖、煨、焖、烧、煮、扒等烹法要求菜肴软烂，需经一段时间加热，因而多用少热量慢加热的技法处理。比如，炖类菜肴，一般温度保持100℃左右，时间为1～3小时。通过对烹法规律的掌握，可大致判断出所运用的火候，学会正确处理食物的方法。当然，对于每一种烹调方法还应具体问题具体分析，灵活运用。

在烹调加工中，由于原料有部分置于可见位置，能通过现象的变化判断成熟度，而有部分烹法却要使原料置于密闭容器中，如烤、蒸等，对于与这类菜肴就应学会把握温度和时间，控制好食物的成熟度，如一般的清蒸鱼多在饱和蒸汽中蒸1～10分钟。现代烹饪更讲究科学的数据，减少人为判断的不正确性，使烹调方法的内涵和操作的规律性更加清晰。

4.根据菜品的形态来掌握火候

食材的形态也是影响火候选择的重要因素，不同的食材外形因受热面积不同，导致火候的大小和加热时间长短存在差异。同一种食材，只是形状不一，其加热时间也会存在区别。比如，"糖醋整鱼"和"糖醋鱼条"的做法不同，糖醋整鱼需要将鱼裹上淀粉之后进行煎炸，达到外酥里嫩的效果，勾芡的时候要发出响声，因而在油炸的过程中，需要使用中小火进行长时间加热，然后再炸一遍，让内部的原料熟透；而鱼条的形状比较小，相应的受热面积就很大，加热时间就会缩短，否则温度过高就会烧煳。食材的形状改变会导致受热面积发生变化，同时也决定了火候的大小和加热的时间。

5.根据食物在加热中的现象来掌握火候

中国烹饪中,厨师较多地通过原料外观、颜色、弹性的变化来判断火候,不管加热环节有多么复杂都是通过现象来反映本质,如"滑炒肉片"血色变白时就停止加热,此时可保持嫩度;绿色蔬菜油墨绿色变成碧绿色时停止加热,以保持菜肴的鲜艳度;汤色变混,说明火力大;鱼成熟后鳍会翘起,用手按压硬而无弹性,说明已熟,否则是生的,或以筷子扎肉厚的地方是否有血水,以证明是否成熟等。当然火候是否到位,多数是对现象的观察,如拔丝糖浆,要不停地调节火力,自始至终都要观察,如果火大了将会使上色时间过早,影响观察,使糖浆出丝的时机难以把握,反而增加了操作的难度,这样一来经验成为至关重要的因素。

事实上,运用科学的数据可以避免这一问题,实验证明,将糖浆的温度升到160℃～180℃,再降至160℃～90℃,这个区间内糖可以凝固成无定型的玻璃态,即出丝。从实践出发,这种加热是可以办到的,西点中制作糖浆的方法已经很能说明问题。因此,中国烹饪不应只凭经验,而应更多地运用科学的数据和先进的加工设备,控制火候以减少制作失败的概率,更精确地把握食物的成熟度。

在烹制菜肴的过程中,要结合食材的数量、质地和形状等因素,根据烹饪技术、传热方式以及食客对于菜肴的要求运用恰当的火候烹饪美食。在实际制作的过程中,烹饪者应该不断总结经验,精进技术,毕竟火候是评判菜品质量的重要影响因素。同时,掌握菜肴制作的火候也是餐饮业发展的需要,因此烹饪者要正确认识火力,掌握介质的作用和属性,根据原料的情况决定烹调方法,以满足食客的需要。

6.根据菜肴成品要求

一些菜品要求做出来达到外酥里嫩的效果,火候就应选择中小火,比如油炸酥肉,在烹制的过程中,首先使用小火加热直至定形,然后使用中火炸熟,让其表面呈现金黄的色泽。

像虾仁这种本身含水量比较高的食材,可以使用中火,油温达到五六成热的时候,将裹上淀粉的虾放进锅里,虾仁油炸变热之后会在表面形成一层膜,避免水分外溢,内部的水分温度可以使得虾仁的蛋白质很好地保留下来,保证虾仁的形状和营养都不会受到影响。对于想要脆嫩口感的菜品,要求使用旺火加热,使之快速成熟,火候的运用不能一直不变,应该根据用油量和食材的多少来相应地做出调整。火候是影响菜肴质感的关键因素,烹饪者要准确把握和运用火候做出不同的风味。古人语:"熟物之法,最重火候。",只有选择恰当的火候烹制菜肴,才能做出美味佳肴。

(1) 根据菜肴颜色要求

①焯水

在烹饪过程中，一般情况下都会通过焯水或走红的方法来固定菜肴原有的色泽，焯水一般用在以植物为食材的菜肴之中，因为蔬菜中叶绿素的含量较多，在锅中加热的过程中，因叶绿素中含有镁离子，所以镁离子会与草酸进行融合，产生化学反应，蔬菜便会变为黑色、暗色。若不直接对蔬菜进行加热，而是用沸水煮，那么便会保留蔬菜的色泽，而这个水煮的时间需要控制在十秒钟左右，而且水温应保持在100℃左右，不可过低，也不可过高，时间不可短，也不可长，否则蔬菜本身的风味会有所下降，而且本身的色泽也会变暗，影响菜肴的美观。火候要求用大火，使水保持温度。

②走红

A.水介质走红需要在锅中放入经过焯水或走油的原料，然后加入鲜汤、香料、料酒、酱油，然后用中火进行加热，达到菜肴所需要的颜色为止。比如：卤猪蹄在制作的过程中，先用大火将卤汁烧开，温度需达到100℃，然后用中火进行加热，时间在一个小时左右，如此一来，这道菜肴的口感和味道会达到最佳。若加热的时间过长，那么，卤猪蹄便会出现过烂的情况，影响口感，而卤汁中色素流失的成分也较大，还会影响到菜肴的美观，所以加热时间必须保持在一个小时左右。若在制作的过程中，加热温度过低，加热时间过短，那么猪蹄便会过硬，没有熟透，而色泽不会很鲜艳，还是会影响菜肴的美观与口感。

B.用油介质走红的过程中，便是在食材的表面用料酒或饴糖进行涂抹，之后加入酒酿汁、酱油、面酱，将食材放在油锅中上色，主要是通过使其在锅中产生化学反应，从而达到菜肴的质量水准。比如：炸橘皮扣肉这一道菜中，需要对肉类食材进行上色，之后需要大火七八成热油温，时间需控制在1~3分钟，如此一来，菜肴的上色才会彻底，否则便是一道失败的作品。

(2) 根据菜肴的香味要求

任何食材都有其固有的营养成分，而且有的成分只能够在加热中体现出来，将其转变为一种香气，等开锅的那一刻便会散发出来，沁人心脾，达到让人垂涎三尺的地步。所以，为保持菜肴的香味，火力的大小与时间的长短至关重要，比如：蔬菜、水果的香气很淡，所以在烧制的过程中，一般采用大火烧制，而且油温要高，时间应控制在2~3分钟，若没有达到时间，食材的香气便会减弱，影响菜肴质量。比如：高级奶汤的特点为香气浓郁、味道鲜美、汤色浓白，所以在烧制的过程中要必须用大火，先用大火烧开，然后降到中火，让汤在锅中保持沸腾的状态，两个小时为最佳，如此一来，汤才能呈现出乳白之色。若火候没有达到要求，或者加热时间不够，便会让食材中的蛋白质无法进行分解，香气便无法散发出来，若火力太大，使汤剧烈沸腾,这样做出的高级奶汤便会散发出异味,而非食物原有的香味。

(3)根据菜肴的味道要求

中国菜肴很有讲究,并且本身的质量内涵非常丰富,但是味道依旧是菜肴中最重要的,菜肴是为满足口腹、味蕾的,所谓"食无定味,适口者珍"便是如此。火候与菜肴的口味有直接关系,并且口味也是甄别菜肴是上乘还是下乘的关键所在。比如:酥鲫鱼这道菜是将小鲫鱼放入锅中,用小火慢烧,火力微小,并且需要5~6个小时的时间加热,这样做出的酥鲫鱼才能达到鲜醇味美,入口即化的状态。本来食用价值不高的小鲫鱼在烹饪中,运用小火慢加热的方法,便成为一道上乘的美味,可见火候掌握的重要性。再比如:油爆肚尖这道菜,选用猪肚尖肉厚的部位,然后在其上剞上花刀,目的是使它的受热面积扩大,然后放入锅中,用旺火热油爆炒,油温应控制在八九分程度为最佳,加热时间仅仅需要3~4秒钟,不可过长。此菜入口脆嫩,用大火烧制,而且油温也需要达到最高,由此可见,火候对菜肴口味的重要性。

(4)根据菜肴的形状要求

做菜时,火候的掌握对菜肴的形态有决定性因素,比如"滑熘里脊丝"这道菜,成品的滑熘里脊丝不仅味道嫩鲜香,而且形态饱满、富有光泽,制作的过程当中,油温需控制在100℃~120℃,如若温度太高,便会影响上浆原料在滑散前凝结成块状,若温度太低,会出现脱浆的情况,以上这些都会影响到菜肴的形态和口感。再比如:高丽香蕉这道菜,成品一般情况下呈现出蓬松感、饱满状态,里面充满气体,在制作的过程中,应将油温控制在60℃左右,原料挂上蛋泡糊,然后一一入锅,慢慢将油温提升,达到130℃为止,通常这个时候蛋泡糊内部的温度一般会达到75℃~80℃,成品一般呈现出鹅蛋黄色,而且处于膨胀状态。若在制作的过程中温度太低,油炸时间过长,便会出现不能够充分涨发的情况,而且成品大多呈现出暗淡的色彩,干瘪不耐看。如油温太高的话,蛋泡糊便会变性,发僵发硬,影响美观、影响口感。

(5)根据菜肴的质感要求

菜肴的质感其实便是菜肴的口感,"嫩"不仅是菜肴质感之一,而且是衡量菜肴质量的标准,比如芹菜,特点便是脆嫩色绿,所以在烹饪的过程中需要进行焯水,也就是用旺火将锅中之水煮沸,然后将其放入,使其质感变嫩,而且无筋无丝,若用小火,水不沸腾,并且芹菜在水中长时间浸泡,会使其颜色变黄,本身的质地变老,煮出的芹菜筋多丝多,使芹菜失去脆嫩的效果。再如白斩鸡这道菜,质地鲜嫩,制作的过程中需要用沸水来煮,锅中之水在沸时便可转为微火,此种方法通俗来讲,应属于半烫半煮,接近浸泡的加热方法。食材在沸水下锅时,其表皮骤然受到高温的洗礼,其内部的蛋白质会在沸水影响下进行收缩,如此一来,内部的鲜味便不会流出。其中的主要原因是，动物原料在温火之中会有吸水的情况发生，但是将其放到沸水之中则不会出现吸水的情况，鸡肉只出水而不进水，肉在沸水中煮熟之后，质地会变老，所以在制作白斩鸡的过程中，只能将其在微火上进行浸泡，才能够达到这道菜皮脆肉嫩的效果。

7.根据菜肴的营养卫生来掌握火候

众所周知，人体每日所需要的营养元素必须通过食物来摄取，而食物只能在加热过程中，将其中隐藏的营养成分分解，这样便可有利于人体的消化，而且食物在加热的过程中，还会杀死其中的有害细菌，能够有效防止食物中毒。所以，在烹制菜肴的过程中，火候的掌握要因材而异，并根据菜肴的制作需求，以及制作方法进行制作，需要将其中可变的因素进行灵活运用，才能制作出一道营养均衡的好菜。若制作植物性食材的菜肴，它会随着加热时间的增加，损失更多的维生素和矿物质，所以，便需要用大火速成的方式进行制作，减少维生素和矿物质的流失。但是一些豆类的菜肴，则必须在制作之前用水煮熟之后，才可使用。除此之外，一些动物性食材，比如猪蹄、鸭掌等可采用加热时间长，之后进行烹调方法卤制，如此一来，其中隐藏的胶原蛋白便会充分被人体吸收，而且这样的制作手段能够让菜肴的风味更加美味，而且又符合人体健康需求，所以卤制猪蹄、卤制鸭掌一直受到人们的欢迎。

在烹制菜肴的过程中，火候的掌握是极为关键的，所以，在制作菜肴的过程中，必须根据不同的食材，以及不同的菜肴和方法，运用不同的火候，达到灵活运用的地步，如此才能烹饪出一道上乘的菜肴。

1.什么是火候？有什么作用？
2.如何正确掌握火候？

第二章

焊水工艺

第一节 焯水的概念和作用

一、焯水的概念

焯水又称为冒水、区水、飞水、水烫、水煮等,就是把加工整理或切制成形的食物原料放入水锅中加热至正式烹调所需要的火候状态,以备进一步切配成形或正式烹调之用的初步加热过程。它是烹调中特别是冷拌菜不可缺少的一道工序。对菜肴的色、香、味,特别是色起着关键作用。焯水的应用范围较广,大部分蔬菜和带有腥膻气味的肉类原料都需要焯水。

二、焯水的作用

1.可使新鲜蔬菜色泽鲜艳

大部分的新鲜蔬菜中都含有丰富的叶绿素,加热时叶绿素中的镁离子与蔬菜中的草酸形成脱镁叶绿素,导致蔬菜颜色变暗。正式烹调前的焯水可以通过加热和稀释作用,有效地除去蔬菜中的草酸,使烹调原料的pH值接近中性,防止和减少脱镁叶绿素的产生,从而达到保持原料颜色鲜艳的目的。

另外,新鲜蔬菜的表面或薄或厚地裹着一层腊膜,这是植物防御病害的自我保护膜。这些腊膜在一定程度上阻碍了人们对蔬菜颜色的感受。焯水可溶化腊膜,提高人们对蔬菜颜色的感受。所以,焯水不但能防止蔬菜变色,还能提高蔬菜的鲜艳程度。

2.可以除去异味、排出血污和部分油腻

异味是指原料中的苦味、涩味、腥味、臭味等,这些味道在某些蔬菜及动物的脏腑中广泛存在。它们属于低分子聚合物,分子结构比较复杂,但绝大部分易溶于水,比如草酸的涩味、芥子油的苦辣味、尸胺的臭味等均可以在热水中被分解很大一部分。血污较大的动物性原料也可以通过焯水除去血污及腥臭异味。

豆腐。很多人喜欢吃豆腐却很排斥豆腐的豆腥味,烹调前焯水就可去除部分豆腥味。建议将凉水和豆腐同时下锅,大火烧开后转小火,待豆腐浮到水面后捞出。焯水还能让豆腐不松散,烹调时不易碎。

3.可以调整不同原料的成熟时间

各种原料由于质地及形状的不同,在成熟时间上差异很大。有的需要几个小时,而有的只需几秒钟。在正式烹调时,要把这些质地不同、形状各异、成熟时间

烹调辅助手段

不同的原料搭配在一起，经过同样的火力、同样的加热时间，烹制成一道恰到火候的精美菜品，就需要在正式烹调前对一些成熟时间较长的原料进行预熟处理。焯水就可以有目地的调整某些原料的成熟时间，从而达到共同成熟。

4.可以使某些原料便于去皮或切配成形

有些原料，如西红柿、花生米、栗子、荸荠等去皮比较困难，若通过焯水使之预熟，去皮就容易多了。另外，肉类、动物内脏、鱼类等原料，表面附有一层黏液，不宜去掉，通过焯水，可去除这些黏液。

5.可使某些原料质地脆嫩

质地脆嫩是不少菜肴所追求的口味，特别是新上市的新鲜蔬菜无不以脆嫩取胜，没有人会喜欢粗老的。一般来说，菜肴嫩的程度主要与含水分有关，含水量多则嫩，含水量少则不嫩或不够嫩，甚至老。因此在烹调中尽量保持原料中的水分不外溢或少外溢。焯水就是保持原料水分的一种有效措施，特别是热水锅焯水法，通过提高水的温度，缩短加热时间，从而避免原料中水分过度损失，以达到保持原料脆嫩的目的。

6.可以缩短正式烹调时间

经过焯水的原料能够达到正式烹调的要求，即符合正式烹调所需的成熟度，变为半熟、刚熟或熟透的半成品，因而大大缩短正式烹调的时间。焯水对于那些旺火速成、对菜品口感要求脆嫩的菜肴尤为重要。

7.可以去除蔬菜中的一些有害物质

不少蔬菜草酸、农药残留、亚硝酸盐等有害物质。草酸高的蔬菜。如菠菜、苋菜、马齿苋、鲜竹笋、苦瓜、茭白等。另外，叶菜草酸含量一般高于瓜茄类蔬菜。草酸不仅会在肠道中与钙结合形成沉淀影响钙吸收，被吸收后也容易在尿道与钙形成结石。焯水可去除部分草酸，国内外研究发现，焯烫处理后弃去菜汤，草酸可降低30%～87%。叶菜尤其是草酸含量高的菜烹调前，最好用100℃的沸水焯5～10秒。时间太长会增加B族维生素和维生素C的流失。不宜用60℃～82℃的水焯，容易导致叶绿素严重损失，颜色变暗，增加维生素C氧化。捞出后最好立即烹调，如果暂时不烹调可过凉水后分装到冰箱储藏。

易产生亚硝酸盐的蔬菜。如香椿、菠菜、西芹等绿叶菜。刚采摘的新鲜蔬菜亚硝酸盐含量微乎其微，但在室温下放3天或冰箱里放5天后，其产生的亚硝酸盐含量会达到最高。建议蔬菜现买现吃，亚硝酸盐可与蛋白质的中间代谢产物胺作用形成致癌物亚硝胺，长期少量摄入也可能对健康不利。由于亚硝酸盐溶于水，所以通过沸水焯可除去70%以上的硝酸盐和亚硝酸盐。

含天然毒素的蔬菜。如芸豆、扁豆、长豆角、鲜黄花菜等。芸豆、扁豆等含皂素和植物血凝素，如果没有煮熟烧透，容易引起恶心、呕吐、四肢麻木等食物中毒症状。建议将豆角两头的尖和丝去掉后，用水泡 5 分钟，然后沸水焯 5 分钟使其成熟，失去原有的生绿色。此外，鲜黄花菜中含有的秋水仙碱也易引起中毒，建议沸水焯 5 分钟后炒熟食用。

不好清洗的蔬菜。如西兰花、菜花等。这些蔬菜不好洗，也不能去皮，沸水焯可更好地去除农药残留。我国常用的有机磷农药、氨基甲酸酯类农药都具有热不稳定性，随着温度升高降解率增加。建议烹调前沸水焯 1~2 分钟，不宜时间太长，以免破坏其中的抗癌成分异硫氰酸酯。

不同肉类，焯水方法也不同。鱼、虾建议沸水焯 1~2 分钟后捞出，再用盐、料酒等腌制，这样不仅有助于去腥味，还可保持鱼、虾鲜嫩的口感，也能让鱼在炖煮时更完整；质地不太嫩的肉建议用凉水焯，比如熬汤的大块排骨或牛羊肉、鸡鸭肉可与凉水一起下锅，大火烧至水开，撇去血沫后捞出。如果用沸水焯，容易让肉表面的蛋白质变性凝固，再熬汤时不但不易入味，口感也会发柴。

需要提醒的是，若一锅水焯不同食材，应先焯气味小的，再焯气味大的；先焯浅色的，再焯深色的。此外，用菠菜、苋菜等草酸高的菜做汤或面条时，应先将其焯水，待汤要出锅时再放入，避免汤中含有过多草酸。

三、焯水的原则

1.焯水时，要根据原料质地不同、色泽深浅的不同、块状大小的不同而分别焯水。

动物类原料与植物类原料要分别焯水；色味较重的与色味较轻的要分别焯水；块状大的要与块状小的分别焯水，以防彼此串味，同时也便于掌握火候。

2.应根据原料的性质和切配烹调的要求掌握好焯水的火候。

如焯制绿色蔬菜类原料时，水复开即可；焯制根、茎类蔬菜原料的时间略长；肉类原料则以焯至断生为度，如达不到断生的程度，会造成色泽不艳、异味除不净，甚至影响成菜的质量。反之焯透后，菜肴会变得老硬，或破碎不成形、颜色变暗，失去鲜味。

3.把握好焯水对原料营养成分的影响。

虽然焯水能使原料中的异味转化成无味，腥膻味能随着脱水过程而得以减轻，但由于焯水有时也会使原料内的一些不稳定、可溶性营养物质溢出，特别是新鲜蔬菜中的水溶性维生素更容易受到损失，因此，焯水应针对原料的性质，科学地去进行。

4.动物性原料焯水后，汤汁不应弃掉，可在撇沫澄清后作为鲜汤使用。

动物性原料经过焯水后，许多营养物质以及鲜味物质都溶解在汤汁中，汤汁的鲜味和营养成分较多。因此，可采用撇沫澄清，去掉一定的杂质后作为鲜汤使用，或在焯水的汤汁中下料煮制鲜汤。

第二节 焯水的方法

一、焯水的具体方法

根据投料时间和水的温度高低,焯水可分为冷水锅焯水和热水锅焯水两种方法。

(一)冷水锅焯水

1.概念:

就是将加工整理的食物原料与冷水同时入锅加热至一定程度,捞出投凉、漂洗,以备正式烹调所用。

2.方法:

原料与冷水同时下锅。

3.操作流程:

锅中注入冷水→投入加工好的原料→加热→翻动原料→控制加热时间→捞出投凉漂洗。

4.焯水原则:

(1)异味较重、血污较多的动物性原料,如动物的肚、肠、肉类等。

(2)体形较大、质地坚实并带有较浓苦涩味的植物性原料,如萝卜、鲜笋等。

5.适用范围:

(1)部分大型根茎类植物性原料。

(2)动物性原料,腥膻味重、血污多的原料。如牛肉、羊肉、动物内脏等。

6.注意事项:

(1)锅中水要多,一定要浸没原料。

(2)加入过程中注意翻动原料,使其受热均匀。

(3)应根据原料的性质和烹调的要求,掌握好取料的时机。

(二)热水锅焯水

1.概念:

将食物原料初步整理后,放入加热至一定温度的水中,继续加热至一定成熟度的方法,称为热水锅焯水。

2.方法:

先将水烧开,再投入原料继续加热。

3.操作流程:

加工整理原料→放入热水中→继续加热→翻动原料→迅速烫好→捞出投凉漂洗。

4.焯水原则:

(1)体形较小、味美鲜嫩或脆嫩,需要保持色泽鲜艳的植物性原料,如芹菜、菠菜、香菜等。

(2)体形小、异味轻、血污少的动物性原料,如鸡块、鸭块、方肉等。

5.适用范围:

(1)植物性原料,适用于需要保护色泽、脆嫩、含水多的原料。

(2)动物性原料,适用于腥膻味少、血污不多的原料,特别是经过加工过的小型原料。

6.注意事项:

(1)沸水锅必须水多火旺,一次下料不宜过多。

(2)原料下锅后略滚即应取出,尤其是绿色蔬菜,加热时间不可过长。

(3)某些容易变色的蔬菜,焯水后应立即用冷水过凉。

二、焯水时的注意事项

1.要根据烹饪原料的质地掌握好焯水时间

各种烹饪原料质地有老嫩、软韧之分,形状有大小、粗细、薄厚之别,在焯水中应区别对待,分别控制好焯水的时间。体积厚大、质地老韧的原料,焯水时间可长一些;体积细小、质地软嫩的原料,焯水时间应短一些,以使之符合正式烹调的需要。

原料因焯水受热,其营养成分都会在不同程度上受破坏,故焯水要控制好时间。尤其是绿色蔬菜,要尽量缩短飞水时间,以保护其所含维生素。因此,蔬菜的飞水宜水多菜少火旺,若菜太多宜作多次处理。其他原料的焯水也需注意投放量,掌握好水与原料的比例。

2.有特殊味道的烹饪原料应分别处理

有些原料有很重的特殊气味,如羊肉、牛肉、肠、肚、芹菜、萝卜等。这些原料应与一般原料分开焯水,以免各种烹饪原料之间吸附和渗透异味,影响原料的口味。如果使用同一锅进行焯水时,应先将无异味或异味较小的原料进行焯水,再将异味较重的原料焯水。不同味的原料飞水,也应分开处理,以免互相串味。这样既可节省时间,又可避免相互串味。

3.深色与浅色的烹饪原料应分开焯水

焯水时要注意原料的颜色和加热后原料的脱色情况。一般色浅的烹饪原料不宜同色深的烹饪原料同时焯水,以免浅色的烹饪原料被染上其他颜色而失去其原有的颜色。

4.根据菜肴需要,安排焯水程度

同一原料,由于烹调方法和所制作的菜肴不同,有的进行焯水处理,有的不用,处理方法也有不同。原料加工的块、粒、片厚薄也有差别,有的菜肴需要成熟,有的需要半熟等,因此需要根据菜肴合理安排焯水。

5.焯水时可适当加一些其他辅助性原料,有利于原料焯水后保持色泽和营养成分

蔬菜焯水时加点盐,可减少蔬菜中营养物质的损失。从营养学角度分析,蔬菜焯水可增加水溶性营养物质的损失,如小白菜在100℃的沸水中烫2分钟,维生素的损失率便高达65%。若焯水时加入1%的精盐,便可减缓蔬菜内可溶性营养物质的流失速度。

豆角焯水时最好加点碱。这是因豆角在生长过程中,表面会形成脂肪性角质物质和大量的蜡质。由于这些物质遮蔽了豆角表皮细胞所含的叶绿素,因而豆角的碧绿色泽不突出,豆角的角质和蜡质物不溶于水,而只溶于热碱水中,故在豆角焯水时添少许碱,豆角便显得碧绿。但须注意:加碱切忌过多,否则会影响菜肴的风味特色和营养价值。

蔬菜焯水时可加点油。蔬菜经焯水后发生了很大的变化,菜叶外表具有保护作用的蜡质、组织细胞均被破坏了,色泽也会因为受热发生变化。如果在焯水时的蔬菜水中加一点植物油,就会在蔬菜表面形成一层薄薄的油膜,这样既可防止水分蒸发,保持蔬菜的脆嫩,又可阻止蔬菜氧化变色和营养物质的流失。

6.脆性原料焯水时间不能过长

如猪肚、墨鱼丝、田螺、海螺等。因为这些原料质地脆嫩而韧,纤维组织细密,含水较多,如焯水时间过长,其纤维组织会骤然紧缩,水分大量排出,使原料质地变得僵硬老韧,失去脆嫩感,吃起来咀嚼困难,口感不佳。脆性原料焯水火候,当以下料后复滚为宜。

7.动物类原料焯水后应立即烹制

畜禽肉经焯水处理后,内部含有较多的热量,组织细胞处于扩张分裂状态,如马上烹制,极易熟烂,同时这也可以缩短烹调时间,并减少营养素的损失。若焯水后不立即烹制,这类原料便会因受冷表层收缩,造成"回生"现象,最终导致成菜效果不理想。

第三节　焯水范例

排骨焯水

排骨焯水时，排骨与冷水需要同时入锅。因为排骨体积比较大需要较长时间的加热，所以用热水锅加热会出现内部不熟而外部过熟的现象。排骨如果放在沸水中加热则外面会立即收缩，内部的血水和腥味很难排除，所以必须从冷水开始加热，中途翻动数次，使其均匀地受热，沸腾时及早捞出不可过热。

1.原料：

排骨500克、料酒20克、葱段、姜片各10克。

2.加工：

(1)将排骨剁成5cm长的块，用冷水浸泡15分钟，泡去血水，冲洗干净；

(2)火上置锅，加入冷水，倒入排骨，加入葱姜、料酒，中火加热，水开后撇去浮沫，捞出排骨，放冷水中洗净即可加工烹调。

3.操作关键：

(1)排骨一定要事先泡去血水；

(2)排骨凉水入锅，同时放入料酒和葱姜，水开后焯1分钟，凉水入锅可以使血水更好的浸出，葱姜、料酒有去除异味的作用；

(3)焯水不宜时间过长，断生即可；

(4)不能用热水焯水，排骨突然放在热水中，由于肌肉在高温下迅速收缩，且蛋白质凝结，肉质中的血水渗透不出来；

(5)焯完之后，用凉水浸泡洗净，可以使肉质紧凑。

菠菜焯水

菠菜作为新鲜蔬菜，焯水时要开水下锅，可以加点盐和油，保持菠菜的绿色和色泽油亮。焯水后要及时冷水过凉。菠菜焯水的目的主要是去除菠菜中的草酸。

1.原料：

新鲜菠菜500克。

2.加工：

(1)菠菜摘去老叶等，洗净；

(2)火上置锅，加入清水(可加入一点盐和油)，大火烧开，将菠菜迅速放入，翻焯均匀，迅速捞出放入清水中过凉。

3.操作关键:

(1)菠菜焯水要开水下锅,焯水要迅速;

(2)菠菜鲜嫩,焯水时间不宜过长;

(3)菠菜焯水后要及时冷水过凉,否则菠菜的颜色容易变色。

四季豆焯水

四季豆含有一定的皂苷,具有一定的毒性,因此四季豆等此类蔬菜焯水,一定要焯透成熟。既要保持原料的鲜嫩,更要保证原料的食品安全。

1.原料:

四季豆 500 克。

2.加工:

(1)将四季豆角洗净、摘除豆筋。

(2)火上置锅,锅内加水,加入一点盐和植物油,以能够没过四季豆的量为宜,大火烧开。

(3)将摘好的四季豆放入锅内,水需要没过四季豆,保持大火,煮沸 5 分钟左右。

(4)将焯好的四季豆捞出,迅速放入凉水中,凉透后,捞出沥水即可。

3.操作关键:

(1)四季豆焯水要开水下锅,保持其颜色;

(2)四季豆有皂苷等物质,有微毒,加热至 100℃以上,使四季豆彻底煮熟,其毒素就会被破坏,一般焯水时间 5 分钟左右;

(3)焯水后要及时冷水过凉,否则四季豆容易变色。

思 考 题

1.什么是焯水?焯水的作用有哪些?焯水有哪些方法和特点?

2.焯水你出现错误的地方在哪?如何纠正?

第三章

过油工艺

第一节 过油的概念和作用

一、过油的概念

过油也称为油锅，是指在正式烹调前以食用油脂为传热介质，将加工整理或切制成形的食物原料，加热至一定程度，达到正式烹调需要的操作过程。它是原料初步热处理的过程。过油能使菜肴口味滑嫩软润，保持和增加原料的鲜艳色泽，而且富有菜肴的风味特色，还能去除原料的异味。过油时要根据油锅的大小、原料的性质以及投料多少等方面正确地掌握油的温度。

二、过油的作用

1. 丰富原料的质感

需要过油的原料都含有不同程度的水分，而水分是决定原料质感的重要因素。过油时利用不同的油温和不同的加热时间，使原料的水分与初始状态产生差异，从而形成多种质感。有的体现为酥脆，如炸土豆条、炸虾片；有的体现为鲜嫩，主要是一些上浆的原料，如炒虾仁、炒鱼片等；有的体现为外酥里嫩，主要是一些挂糊或清炸的原料，如面包肉排、清炸仔鸡等。

2. 增加原料的色彩

过油是通过高温使原料表面的蛋白质类物质发生化学反应，使淀粉变成糊精，从而达到改变原料色彩的目的，经过不同的过油方法处理之后，特别是经过挂糊过油之后，会为原料增光添彩。有的色彩是由于原料本身在受热情况下的变化，如虾类经过过油后会变红；有的是由于带有易于上色的原料后，利用蜂蜜、饴糖、酱油等，经过高油温受热，出现的颜色，如虎皮肘子、脆皮大肠等；有的是由于上浆挂糊，淀粉受热而出现的颜色，如干炸类菜肴。

3. 加快原料的成熟速度

过油虽然是初加热，但由于温度很高，会使原料中的蛋白质、脂肪等营养成分迅速分解，由于温度高，原料受热快，也使原料的迅速成熟，特别是一些小型原料，从而加快了原料的成熟速度。

4. 改变或确定原料的形态

过油时原料中的蛋白质类物质在高温状态下会迅速凝固，使原料的原有形态和改刀后的形态，特别是经剞有花刀的一些原料，在继续加热和正式烹调中不但不会被破坏,还会形成美丽的形状,如炒腰花、菊花鱼等。

5. 解除原料的部分异味

一些原料具有一定的腥膻异味,在过油加热的情况下,会迅速分解挥发,从而去除一定的异味。

6. 能使原料散发出香味

因为油能以200℃以上的温度迅速驱散原料内部和表面的水分,使原料中具有芳香气味的醇、酚、酯、酮等有机物散发出来,使油分子渗透到原料内部,给缺少脂肪的原料,增加营养素和酯香气。

7. 能对原料杀菌消毒

一般的细菌在达到85℃时就会死亡,而使用过油初步熟处理,油温会远远大于这个温度,从而达到杀菌消毒的作用。

三、过油的操作关键

1. 油量要多,要达到宽油的标准,即以淹没原料为度。

过油时,原料要全部浸没油中,防止原料受热不均匀,同时要在锅中勤翻动原料。另一个目的就是大油量的热量高,原料成熟快。

2. 原料下锅要注意火候和油温。

对一些丁、丝、片等小型原料,特别是经过挂糊上浆的原料,要控制好火候和油温,油温过高,下锅时容易粘连结壳,油温过低,容易使原料出现脱糊脱浆等情况,带皮的原料应皮朝下下锅,大块的原料应贴着锅边滑下去,油温不能过高。

3. 注意锅中的油爆声。

原料下锅后,特别是一些大型原料或含水量大,会出现水受热的爆声,爆声减弱,说明原料表面水分基本挥发。

4. 要勤翻动原料。

原料下锅后,要勤翻动原料,防止原料粘连,同时对一些大型原料,使其受热均匀,并防止粘锅煳锅。

四、油温与其控制

1. 根据火力的大小掌握油温。

烹制菜肴时,掌握好油温的火候十分重要。该用旺火的不能用文火,该用文火的也不要用急火。油的温度过高、过低对炒出来的菜的香味也有影响。急火,可使油温迅速升高,但极易造成互相粘连散不开或出现焦煳现象。特别是做油炸的菜肴,如油的温度过高,会使所炸的菜肴外焦里不熟;油的温度过低,所炸菜肴挂的浆、糊容易脱散,使菜肴不能酥脆。慢火,原料在火力比较慢、油温低的情况下投入，则会使油温迅速下降，出现脱浆，从而达不到菜肴的要求，故原料下锅时油温应高些。

2.根据投料数量的多少掌握油温。

投料数量多，原料下锅时油温可高一些，投料数量少，原料下锅时油温应低一些。油温还应根据原料质地老嫩和形状大小等情况适当掌握。

3.油温的区分。

由于各种油的沸点和燃点不一样，有的油加热时能达到300℃左右。人们习惯用"成"表示油温，"一成热"指油温大约为30℃，"两成热"指油温大约为60℃，依此类推。烹饪常用的有四种油温，分别是一二成热（40℃左右），三四成热（100℃左右），五六成热（150℃左右）和七八成热（220℃左右）。

传统上观测油温主要有看（油烟、油面波动情况）、听（油中的水分发出的声响）、触（感受油面的温度）以及试（将肉片或大葱放入油中）四种方法。

(1)一二成热的油温，也叫冷油温。看：锅中油面平静。听：无声音。触：将手掌放至离油面5厘米处，掌心感觉稍有微热。试：将一段大葱放入油中，几乎无油泡。适用油酥花生、油酥腰果等菜肴的烹制。原料下锅时无反应。

(2)三四成热的油温，也叫低油温。看：油面比较平静，面上有少许泡沫，无青烟。听：有比较密集的噼啪声，因为油中有极少的水分。触：将手掌放至离油面5厘米处，掌心感觉微热。试：将一段大葱放入油中，其四周会泛起很多小油泡。将一段大葱放入油中，则大葱会立刻沉至锅底，之后会缓慢地浮上来。适用于干熘，也适用干料涨发，有保鲜嫩、除水分的作用。

(3)五六成热的油温，也叫中油温。看：油面从锅四周向锅中间翻动，似动未动。听：噼啪声减少，变得没有那么密集，油面泡沫基本消失，搅动时有响声，有少量的青烟。触：将手掌放至离油面5厘米处，掌心感觉较热。试：将肉片放入油中，肉片会沉至锅底，其四周会泛起更多的小油泡，不过肉片很快会浮上来。此油温可谓万能油温。适用于炒、炝、炸等烹制方法。具有酥皮增香，使原料不易碎烂的作用。下料后，水分明显蒸发，蛋白质凝固加快。如果你需要三、四成热或者七、八成热的油温，可由于判断失误，不小心在五六成热的时候将原料下锅了，将火关小些或者开大些或许还可以挽救。

(4)七八成热的油温，也叫高油温。看：油面边缘微微向中间波动，冒青烟。听：间隔很久才会发出一两声噼啪声，甚至没有噼啪声，搅动时有响声。触：将手掌放至离油面5厘米处，掌心感觉很热。试：放入肉片，肉片几乎不会沉下去，而且四周会泛起很多油泡。适用于爆和重油炸等方法。具有脆皮和凝结原料表面，使原料不易碎烂的作用。下料时见水即爆，水分蒸发迅速，原料容易脆化。

(5)九成热以上的油温。油面会冒青烟，而且滚动得比较厉害。这时千万别用手掌测试。烹饪时几乎不使用九成热以上的油。一方面，油的温度太高有起火的危险；另一方面，九成热以上的油中会产生毒素，对身体健康不利。

一般炒菜，放油不太多，只要看锅冒烟，即可将菜下锅翻炒。炸菜肴时，锅内油多，又不好用温度计去测量油的温度，只能通过感观来进行判断。锅里的油加热后，把要炸的食物放入油中，待沉入锅底，再浮上油面时，这时的油温大约是160℃，如果做拔丝菜，如拔丝山药、拔丝白薯、拔丝土豆，用这种油温的油炸比较合适。这时锅下的火应控制住，以能保持油温即可。油加热以后，把食物放入油中，沉在油的中间再浮上油面，这种油的温度大约是170℃。用这种温度的油炸香酥鸡、香酥鸭比较合适，炸出的鸡、鸭，外焦里嫩。炸时，锅下的火也要控制住。

如果把要炸的食物放入油中不沉，这种油的温度大约达190℃，比较适合炸各种含水分较少的菜肴，如干炸带鱼、干炸黄鱼、干炸里脊等。

炒、炸、熘、爆要求的油温各不一样。

炒菜，油温达到五六成就能下料。下料前，将炒锅旋转，使油布满锅底，翻炒过程要始终用猛火，这样油的高温可使原料迅速受热，表面脱水，腥杂味去掉，菜肴就会味美鲜嫩。

炸制要挂糊，强调外焦里嫩，油温七八成为宜。

而熘菜大部分是油炸再裹包或浇上味，所以油温最好也在七八成之间，原料不上浆或上薄浆，加热时间较短为宜，一般油温在四五成为好。

用旺火加热，原料下锅时油温应低一些，因为旺火可使油温迅速升高。如果火力旺，油温高时下入原料，极易导致原料黏结、外焦内生。

用中火加热，原料下锅时油温应高一些，因为中火加热，油温上升较慢。如果在火力不旺、油温低的情况下投入原料，则油温会迅速下降，造成原料脱浆、脱糊。

应视投放原料的多少而决定油温，投放原料量大，油温应高一些，因原料本身的温度会使油温下降，投量越大，油温下降的幅度越大，且回升较慢，故应在油温较高时下入原料。反之，原料量较少，下锅时油温可低一些。

要根据原料的老嫩和形状的大小来决定油温。质地细嫩，形状较小的原料，下锅时油温应低一些，反之，油温则应高一些。

当然，掌握好油温必须综合考虑，灵活掌握，视各种条件合理地控制油温，这样才能烹制出合格的菜肴来。

油锅	油温	识别办法	适应范围
冷油锅	一二成,30℃～60℃	油面平静,无青烟,无响声。	适用油酥花生、油酥腰果等菜肴的烹制。
温油锅	三四成,60℃～120℃	油面比较平静,有少许泡沫,无青烟;有噼啪声,将手掌放至离油面5厘米处,掌心感觉微热	适用于干熘、浸炸和滑炒的菜肴,也适用干料涨发
热油锅	五六成,120℃～180℃	油面向中间翻滚,似动未动。噼啪声减少,油面泡沫基本消失,搅动时有响声,有少量的青烟;将手掌放至离油面5厘米处,掌心感觉较热	适用于炒、炝、干煸、软炸等烹制方法。具有酥皮增香,使原料不易碎烂的作用
旺油锅	七八成,180℃～240℃	油面边缘微微向中间波动,冒青烟;间隔很久才会发出一两声噼啪声,甚至没有噼啪声,搅动时有响声;将手掌放至离油面5厘米处,掌心感觉很热	适用于爆和重油炸等方法。具有脆皮和凝结原料表面,使原料不易碎烂的作用

第二节 过油的方法

一、过油的具体方法

根据所使用油的温度不同可分为滑油和走油两种具体方法。

1. 滑油法

滑油是温油锅对原料加热处理的一种方法。将加工整理或切配成形的食物原料,采用蛋液、湿淀粉包裹(上浆),投入温油锅内加热处理成熟。

滑油又称为划油、拉油,是指用中油量、温油锅,将原料滑散成半成品的一种熟处理方法。多适用于自然形态下或经过刀工处理后形态较小的原料,油温一般在五成热以下。滑油的适用范围较广,鸡、鸭、鱼、虾、猪肉、牛肉、羊肉、兔肉等原料都可用于滑油,原料一般是丝、丁、片、条、粒、块等规格,主要用于烧、烩、煮等烹调方法制作的菜肴,例如水煮鱼片、山菌烧鸡、鱿鱼烩肉丝等。

滑油前,多数原料需要上浆,上浆后,原料与油不直接接触,原料内部的水分不易渗透出来而保持柔滑鲜嫩。一般炒、爆、熘、烩等技法烹调的原料需要滑油,如青椒肉丝、鱼米满仓、爆螺片、芙蓉鱼片等。

(1)滑油的操作过程:

第一,油锅要洗净炙好,油脂要干净、炼熟,以免影响原料的色泽和香味,并可防止粘锅现象的发生。菜肴需要色白的原料,滑油时必须用熟猪油或浅色的油,以保持洁白。

第二,滑油的油量适中,一般为原料的4~5倍,油温应掌握在三四成热的幅度内。过高、过低的油温都会影响原料滑嫩的效果,假如油温超过五成热,就会使原料黏在一起,并使原料表面发硬变老,失去了制品的特点;而两成热以下的油温,则使原料上的浆汁脱落,导致原料变老,失去浆的意义。

第三,上浆的原料应分散下锅,不上浆的原料应抖散入锅。原料上浆后,表面有一层带有黏性的浆状物,如果一起下锅,很容易发生粘连,影响菜肴的质、色、味、形,因此应分散下锅,并及时恰当地将原料轻轻拨开滑散,避免粘连。

(2)滑油的操作程序:

铁锅擦净烧热→加入食油→加热三四成热→投入原料滑散成熟→捞出控油备用。

(3)滑油的操作要领:

①铁锅应擦净预热,再注入食油。滑油前一定要将锅洗净,上火烧热,下一手勺油遍布全锅,倒出,再上火注油,这也就是我们常说的热锅凉油,只有这样做,滑油的烹饪原料才不容易粘锅。

②油要洁净,有些植物油要事先上火烧至冒烟凉凉再用(行业中称为爁油,因为有些植物油有异味、色较重),否则,影响成菜的美观和香气,也可避免原料下入时油易溢出锅外,造成失火事故。

③要掌握好油温。油温太高,原料下入易黏结,表皮变得脆硬,失去柔软鲜嫩的特点;油温太低,原料下入易脱浆,显得干瘪。

④要根据原料的质地掌握好油温。不同质地的原料,滑油时油温也不一样。如同样是熘菜,一个是鸡片,另一个是鱼片,滑油时,鱼片的油温(五成热)就应高于鸡片(三四成热),因鱼片的水分略高于鸡片。

⑤要注意滑油时的操作动作。因滑油的原料都是丁、丝、片、条较小的原料,故方法必须正确。否则,原料易碎,失去形态。特别是鸡丝、鱼丝这类菜肴会成碎末。正确的滑油方法是:当原料下入后,右手持手勺,自右向左滑几下,再倒滑几下,使原料分开,用力不可过大,否则原料易碎。

(4)滑油的适用范围:

①原料质地鲜嫩、加工形状薄小的原料。

②爆炒、滑炒、滑熘等烹调方法制作菜肴,对主料的预熟处理。

2.走油法

走油也称为过油、冲油、油促、油炸、拉油等,是指用大油量、热油锅,将原料炸成半制成品的一种熟处理方法。油温在六成至八成热,一般适用于形体较大的原料,如厚片、条、块等形体较大的原料。

在走油前,多数原料需经过焯水或汽蒸的处理。一般适用于鸡、鸭、鱼、猪肉、牛肉、羊肉、兔肉及蛋品、豆制品等原料,主要用于烧、炖、焖、煨、蒸等烹调方法制作的菜肴,例如家常豆腐、豆瓣鲜鱼以及酥肉、丸子等。

走油前,原料通常都经过挂糊。原料走油时,较高的油温能迅速地蒸发原料表面或内部的水分,使原料达到定型、色美、酥脆或外酥内嫩的效果,以符合烹制的要求。

(1)走油的操作程序:

铁锅擦净预热→加入食油→加热6～8成热以上→投入原料→翻动加热→捞出控油备用。

(2)走油的操作要领:

①用油量要宽(5∶1),将原料没过。

油量要宽，应多于烹饪原料5倍以上（以没过原料为宜），锅内的油量要淹没原料，使原料可以自由滚动、均匀受热，并且要在热油温时分散投入原料，火力要适当，火候要一致，防止外焦而内不熟，因此，必须用多油量的热油锅。

②需要酥脆的原料，要用温油锅浸炸。

葱酥鱼、麻辣酥鱼等菜肴的原料要求内外酥脆，应先将原料放入中火热油锅炸一下，再改中小火温油锅继续炸制酥脆。需要外酥里嫩的原料，过油时应该重油。重油又称复炸，就是重复油炸。如果经过挂糊的原料要求表面酥脆、里面稚嫩，应先将原料放入旺火热油锅炸一下，再改用中火温油锅继续炸制，让原料在温油锅中渐渐内外熟透捞出，再放入旺火油锅内炸一下捞出。

③随时翻动原料，确保受热、成熟、颜色均匀一致。

油在锅内加热时，与锅接触的油温会高一些，中心的油温会低一些，下面的油温会高一些，而上层油温会低一些，在走油时就必须要做到随时翻动原料，确保受热、成熟、颜色均匀一致，否则会造成原料成熟度不一致、有时还会出现上生下煳或中间生四周煳等情况。

④入油时应尽量缩短原料与油面距离，以防油溅烫伤。

因烹饪原料表面骤然接受高温，水分汽化迅速逸出而引起热油四处飞溅，容易造成烫伤事故，因此要设法防止。其方法是：入油前应将烹饪原料表面水分揩干，烹饪原料入锅时，尽量缩短其与油面的距离。

⑤注意油温的变化，随时调整火力。

视原料情况（数量、形状）掌握用油数量和调控油温，油温高时要及时调小火力或离火，油温低时要把火开大，以确保原料风味特色。

⑥带皮原料，入油时应皮面朝下。

有皮的原料在下锅时应当皮朝下，假如皮向上，因为肉皮组织紧密，韧性较强，不易炸透。所以将肉皮朝下，可使肉皮受热充分，达到松酥泛泡的要求。

⑦挂糊的原料要均匀，并分散入油。

挂糊的原料因为糊在加热后会凝固、原料会粘连在一起，分散入油会防止粘连。

(3) 走油的适用范围：

①适用加工的原料范围较多，如家畜、家禽、水产品、豆制品及某些蔬菜类等均可。

②可作为油爆、烧、拔丝等烹调方法制作菜肴主料的预熟处理。

(4) 走油应注意的事项：

采用过油使原料成为半成品，这与烹调方法的炸制有着很大的区别。因此，在运用上要注意以下几个问题：

①根据正式烹调的要求确定成熟度。

过油只是对烹饪原料的初步加热，更主要的成熟阶段是正式烹调。正式烹调直接决定菜肴的各种特性，而过油只是为实现这些特性提供间接的服务。因此，过油时不要强求烹饪原料的完全成熟，以免影响菜肴的质量。

②根据成品特点灵活掌握火候。

成品菜肴的火候是各个加热环节的火候的组合，任何一个加热环节火候掌握不当，都会影响成品菜肴的质感。根据成品特点进行初步热处理，是初步热处理的基本原则。因此，过油时，要根据烹饪原料的质地、成品的质感要求来选择油温及加热时间。

③根据成品要求掌握色泽。

进行走油处理时，半成品如需要颜色洁白，则应选取洁净的油脂进行加热处理，且油温不宜过高。为半成品增色也是初步热处理的目的之一，而半成品的色泽要服从于成品菜肴的色泽。走油时，半成品的色泽一般掌握在比成品色泽稍浅一些为宜，因为半成品在正式烹调时还要加热和添加调料等进一步增色。如半成品色泽过深，烹调时难以调整，将影响菜肴成品的质量。

④半成品不可放置过久。

半成品久置不用，会导致半成品品质下降。如半成品吸湿回软、糊中的淀粉脱水变硬、老化、干缩等，均会对菜肴成品的质量造成影响，因此不宜久置。

二、过油油温的掌握

正确鉴别油温后，还需要根据火力的强弱、原料的性质、形状及数量和用油数量的多少等方面，灵活、正确掌握使用油的温度，一般规律是：

1. 根据火力的强弱灵活掌握油温

在其他条件一定的情况下，火力强，原料下锅时油温可以低一些；火力弱，原料下锅时油温可高一些；火力太强，不能立即调控，应端锅离火。

2. 根据加工原料数量的多少掌握油温

在其他条件一定的情况下，投料数量少，油温应低一些；投料数量多，油温应高一些。

3. 根据用油数量的多少掌握油温

在其他条件一定的情况下，用油数量多，油温可低一些；用油数量少，油温可高一些。

总之，要根据烹调特点、过油目的等，灵活运用掌握油温。

三、过油基本步骤和技巧

1.润锅

锅洗净大火烧热后,倒入足量的油,用手晃动锅身让整个锅面吃油后,倒出锅里的油。此做法的目的是让锅面沾满油,避免食材下锅后出现粘锅现象。

2.足量的油

再往锅里倒入平常2~3倍的油(油要能没过食材),油的数量如果不够,食材下锅的瞬间会导致锅内的油温降低,造成粘锅。

3.油温

过油不同于炸。两者的最大区别在于油温,过油的油温不可过高,不要等油热至冒烟再加入食材。锅用油润身后倒入冷油,再次加热至油温升高后,就要把食材依序入锅。

鸡肉鱼肉的结缔组织少、质地细致,如果温度过高会导致蛋白质变硬,影响口感,建议小火低油温过油才能维持住鲜嫩口感,避免肉质变老形状破碎;牛肉羊肉的纤维组织粗,肉质易老,应大火过油。

而上浆的食材因为外面有层粉或糊包裹着,能保护食材的营养和色泽,而且浆、糊中的太白粉和蛋在超过100度才会完整定型,因此过油温度应稍微高一点,但油温太高也会导致食物出现黏连、表面因失水过多变得干硬缺少鲜嫩口感;油温太低又会导致上浆的食物出现脱浆掉粉等现象,以致外部淀粉糊化,无法成型。

4.食材分散入锅

如果把所有的食材一股脑儿放进锅里,食材会彼此黏成一团,造成受热不均,且容易粘锅;建议把食材分散入锅,下锅后用汤勺或筷子稍搅拌,让食材分散开来。

5.过油至七八成熟

过油的食材后续需要二次烹调,因此肉类过油至表面变色、七八成熟即出锅,如果太熟会失去鲜味影响口感;不够熟会导致食材留有异味。

6.沥油

过油后的食材出锅后需沥干多余的油分,避免影响后续的烹调。

四、滑油和走油的区别

1.取料和料型上的区别

滑油取料范围较窄,主要使用一些鲜嫩的鸡、鸭、鱼、虾或猪、牛、羊的一些鲜嫩部位。走油的范围较广,除一些鲜嫩的动物性原料外,豆腐、土豆、茄子等根茎类原料也可以走油。滑油的原料一般加工成较小、较薄、较细的形状,如一些丁、条、丝、片等，这样才能使原料在滑油时快速成熟，保证菜肴滑嫩的口感。走油的原料不需要绝对的加工，一些小型的动物及块状也可以用走油的办法，如整鸡、整鱼等，但可以进行一定的刀工处理，如一些较大的块、厚片等。

2．用油量和油温上的区别

滑油的油量与原料的比例一般为3∶1，这个比例正好使油浸没原料，能使原料同时受热均匀。滑油的原料，油温一般在三四成热，不能用高油温来滑油，否则，原料在高油温的情况下，原料表面的淀粉会出现糊化凝固，造成原料粘连，还会出现外焦里不熟的现象，失去原料鲜嫩的特点。走油的油量与原料的比例是5∶1，使原料在油锅中有充分翻动的余地，使原料在加热的锅中能不断活动，达到上色一致，成熟一致的要求。走油用的是较高油温的过油办法，一般油温要达到六七成热，有的原料还要进行复炸。由于油温较高，能迅速蒸发原料表面或内部的水分，达到定型、定色、酥脆或外酥里嫩的效果。

3．用浆、糊和半成品色泽上的区别

滑油原料大都要上浆，它是利用淀粉遇到高温后发生糊化，蛋白质变性凝固，使原料表面披上一层较薄的保护层，保护层的作用是使原料不直接与油接触，使原料内部的水分与营养素不能溢出，从而保持菜肴细嫩柔软。由于滑油的油料清洁干净，加上滑油的油温低，加热时间短，滑油的原料不易上色，所以半成品表面多为白色或本色，有一定的亮度。走油的原料大多不挂糊，直接入热油锅进行炸制成熟或半熟，如整鸡、整鸭、整鱼、大块肉等。少数原料要挂糊，而不能上浆。走油原料根据成品色泽的要求，在炸之前要进行着色处理，走油的原料加热时间长，有的需要复炸，油温又高，所以被炸的半成品表面都有一定的色泽，多数呈金黄色。

4．在操作工艺流程上和适应的烹调方法上的区别

(1) 滑油的工艺流程：

干净锅上中火→加入色拉油，加热到三四成热→倒入油盆→锅再上火→倒入温油→快速放入原料下锅滑散→轻轻搅动→原料浮到油面片刻捞出→沥净余油。

滑油后的原料适应旺火速成的炒、爆、烹等烹调方法。

(2) 走油的工艺流程：

干净锅上中火→加入色拉油，加热到五六成热→放入原料→翻动原料→炸制原料上色或外焦里嫩→沥净余油。

走油后的原料适应于中速成菜的烧、焖、炖、蒸、煨等烹调方法。

第三节　过油范例

滑炒鱼片

1. 原料：

主料：黑鱼1条(1000克)。

配料：青椒2个、冬笋100克。

调料：精盐5克、料酒5克、味精3克。

辅助料：色拉油800克、蛋清1个、淀粉150克、高汤20克。

2. 初加工：

黑鱼去鳞去内脏，洗净，骨肉分离备用。

3. 切配：

(1) 鱼肉片片，青椒切菱形片备用；

(2) 切好的鱼片用淀粉、精盐、料酒、蛋清抓匀、上浆备用。

4. 烹调：

(1) 炒锅烧热后倒油滑锅，再加入油烧至三成热，放入鱼片滑油，捞出沥油；

(2) 锅重置火上，倒油烧热，放入高汤、加入精盐、味精，烧开后勾芡，倒入鱼片、青椒片炒匀即可。

5. 操作关键：

(1) 片鱼片要大小厚薄均匀；

(2) 鱼片滑油时油温不宜过高，易散易老；

(3) 翻炒鱼片动作要轻柔，否则鱼片会炒散。

6. 菜品特点：

鱼片滑嫩，色泽洁白。

此菜为滑油法，保持鱼片的鲜嫩。

虎皮肉

1. 原料：

主料：猪肋条肉(五花肉)500克。

调料：酱油25克、料酒10克、花椒2克、蜂蜜10克、大葱15克、姜15克、八角3克、味精2克、白砂糖5克。

辅助料：色拉油1000克、湿淀粉15克。

2.初加工：

(1)将猪五花肉刮去皮面上的油泥、绒毛，洗净，切成大方块，放入锅内煮至七成熟捞出；

(2)将皮面抹上蜂蜜晾干后，皮面朝下入八成热油中炸至呈火红色捞出。

3.切配：

(1)花椒用水浸泡，拣出花椒，花椒水留用；

(2)将炸好的五花肉改成9厘米长、0.4厘米厚的大片，皮面朝下码入碗内，加酱油、料酒、花椒水、葱段、姜块、肉汤250克、大料、白糖。

4.烹调：

(1)将扣好的肉上屉蒸烂，然后取出，拣去调料渣不用，汤汁滗入炒勺内，将肉扣在盘内；

(2)汤勺上火烧开，用湿淀粉15克勾芡，加味精，淋入明油，浇在盘内扣肉上即成。

5.操作关键：

(1)煮肉时，煮至断生即可，不可过老或过嫩；

(2)抹蜂蜜时，要趁热抹制，要抹制均匀，晾干后再入油锅；

(3)炸制时油温要高，肉皮朝下，防止溅油；

(4)改刀大小厚薄要均匀，不可过厚或过薄；

(5)将肉片码在碗中时，要排放整齐。

6.菜品特点：

色泽明亮，软烂醇香，肥而不腻。

此菜为走油法，通过走油使原料表皮的外观发生变化。

1.什么是过油？过油有哪些方法？

2.走油和滑油有什么区别，其特点和具体要求有哪些？

第四章

走红工艺

第四章 走红工艺

第一节　走红的概念和作用

一、走红的概念

走红又称为着色、红锅，是指将加工整理或切制成形的食物原料，投入各种有色调味汁中加热，或将原料表面涂抹上某些调味料经过油炸使原料表面着上颜色的加热过程。走红一般说的是给肉上色，而且是红色，给肉走红都是给肉皮上色，一般用老抽、糖色、蜂蜜、红曲米走红，而红曲米多用于卤汤的走红。

二、走红的作用

1.增加或改变原料表面的颜色，增加原料的色彩。

各种家禽、猪肉、蛋品等大型原料，在烹调时，调料的滋味很难渗入到原料内部，其表面颜色也不易变化，通过走红能使原料带上浅黄、茶褐、橙红、棕红等颜色，使原料滋味鲜美，色泽美观。

2.解除异味、增加香味。

原料在走红过程中，不是在调味卤汁中加热，就是涂抹上调味品后在油锅内炸制。这样，原料就可在调料或油温的作用下，可除去异味，增加香味。

3.使原料定形、增加美感。

原料在走红的过程中，就基本确定了成菜后的外形（如整形或大块原料）；对一些走红后还需要切配的原料，也十分注重其走红时的规格。所以，走红也是决定成菜形态的重要手段。

4.突出菜肴成品的风味特色。

走红卤汁的风味，渗透到原料中，从而使原料增加了风味。

5.能缩短菜肴正式烹调的时间。

一般大型的原料在制作菜肴时需耗费较多的时间。但经过走红的原料，已事先加热而成熟，能缩短菜肴正式烹调的时间。

三、适用范围

卤汁走红一般适用于皱皮肘子、红烧全鸡、卤猪手等菜肴的半成品原料的上色。过油走红一般适用于五香烧鸡、虎皮肉、过油肘子、香糟鸡、香糟鸭等菜肴的半成品原料的上色。

四、走红的原则

1.根据菜肴的要求决定原料走红的颜色。

各种菜肴有各自的风味特色,因此,原料走红时,要根据菜肴的特点确定卤汁内的糖色或调味品颜色的深浅和用量。对原料表面涂抹饴糖等调味品的厚薄,都要估计到油炸后颜色的深浅程度。

2.控制好原料在走红加热时的熟化程度。

原料走红上色时,有一个受热熟化的过程。由于走红还不是正式的烹调阶段,更不是烹调的终结。所以,要尽可能在原料已上色的前提下,结束走红,迅速转入烹调。

3.走红过程中要保持原料的形状完整。

原料在走红前,要将鸡、鸭、鹅的形状整理好,并在走红中保持原料形状的完整。

五、走红的注意事项

1.卤汁走红时先用旺火烧沸,再改用小火加热,使味和色缓缓地浸入原料内部。

2.卤汁走红要根据菜肴的要求,掌握有色调味品的用量和卤汁与原料的比例。

3.过油走红要把用于上色的调味品均匀地涂抹在原料表面,要掌握好调味品的稀稠度。另外,过油的油温应控制在六成以上。要掌握好加热时间,以便上色起到好的效果。

4.在走红加热时要控制好原料的成熟度,以免影响菜肴的质感。

5.保持好烹饪原料形态的完整。鸡、鸭、鹅等禽类烹饪原料,在走红前应整理好形态,在走红时要保持其形态的完整,否则,将直接影响成品菜肴的形态。

第二节　走红的方法

根据传热介质不同,走红可分为卤汁走红法和过油走红法两种。

一、卤汁走红法

1. 定义

卤汁走红就是将经过焯水或过油等方法处理的食物原料,放入锅中,加入鲜汤或水及有色调味料,用小火加热使菜肴原料上色的一种技法。常用的有色调味料有:糖色、酱油、红曲米。如肘子、生烧大肠、红烧狮子头、灯笼鸡等,有的是先经焯水或走油后,在有色的卤汁中烧上色后,再装碗加原汁,上笼蒸至烂熟成菜的。烹饪原料通过卤汁走红后,表面都能附着一层浅黄或金黄、橙红、棕红等颜色,以满足菜肴色泽的需要。而且原料放入卤汁中加热后既能除去异味,又可增加鲜香味。

2. 操作流程

加工整理原料→调配卤汁并加热→放入加工好的原料→继续加热至上色→取出原料。

3. 操作要领

(1)应按成品菜肴的需要掌握好有色调味料用量比例及卤汁颜色的深浅。

(2)一般是先急火烧沸,再改用慢火加热,使菜肴原料的着色和入味同步进行。

(3)根据成品菜肴的需要,严格控制加热时间,把握成熟度,确保菜肴风味。

4. 适用范围

用于鸡、鸭、鹅、鸽等禽类及方肉、肘子和家禽内脏等原料。

二、过油走红法

1. 定义

过油走红就是在经过加工整理处理后的原料,在其表面涂抹上饴糖、酱油、面酱等,再放入油锅,经油炸上色,例如咸烧白等菜肴的坯料,就是先将带皮猪肋肉刮洗干净,入水锅煮至断生,捞出揿干水汽,涂抹上饴糖或酱油、料酒等有色调味料或经油炸能改变颜色的料,然后放入油锅中加热至原料上色的技法。常用调味料:黄酒、酱油、饴糖、面酱、蜂蜜、糖色、酒酿汁等。

2. 操作程序

加工整理原料→表面涂抹调料风干→锅内注入油脂加热→投入原料加热→取出原料备用。

3. 操作要领

(1)原料表面涂抹调味料要均匀并风干。

表面涂抹调味料如果不均匀,原料经过油后会出现"花斑",即出现有的地方颜色深,有的地方颜色浅或没有上色。

(2)原料入油时要轻,防止热油飞溅烫伤。

过油走红一般油温都比较高,原料表面有会有一层酱油、糖色、饴糖等物质,这些物质经过高油温油炸都会导致热油四溅,所以下锅时一定要注意安全,必要时需要盖上锅盖,防止烫伤。

(3)要掌握好油的温度(一般控制在150℃~230℃)。

油温过高则出现焦点、焦煳现象,油温过低则原料不着色。

鸡、鸭、鹅等整只原料在走红前要整理好形状,走红过程中应保持原料形态的完整。

4. 适用范围

多适用于鸡、鸭、鱼、肉(方肉、肘子)等。

第三节　走红范例

烧鸡

1.原料：

主料：光鸡1只(1250克)。

调料：桂皮10克、白糖15克、陈皮10克、八角10克、辛萎2克、小茴香2克、精盐150克、姜20克、饴糖200克、肉蔻3克、山奈片3克、砂仁2克、丁香3克、白芷5克、草果3克、花椒5克。

辅助料：色拉油1500克。

2.初加工：

光鸡洗净，在靠肩的颈部直开一小口，取出嗉囊，用水洗净。

3.切配：

先用刀背敲断大腿骨，从肛门上边开口处把两只腿交叉插入鸡腹内；再将右翅膀从宰杀的刀口处穿入，使翅膀尖从鸡嘴露出。鸡头弯回别在鸡膀下边，左膀向里别在背上，与右膀成一直线。最后将鸡腹内两只鸡爪撑开，顶住鸡腹。

4.烹调：

(1)将别好的鸡挂在阴凉处，晾干水分，用毛刷蘸饴糖涂抹鸡身。涂匀后入大油锅中炸成金黄色时捞出。

(2)大锅内放足水，把所有香料装入一只纱布袋中，扎紧袋口，放入锅中，将水烧开，然后加入糖、盐，调好味。

(3)将炸好的鸡整齐地放入大锅内，用旺火烧开，撇去浮沫，稍煮5分钟，将锅中鸡上下翻动一次，盖上锅盖，改用文火煮60分钟，以肉烂脱骨为止。煮鸡的卤汁应妥善收存，以后再用，老卤越用越香。香料袋在鸡煮熟后捞出，下次再煮鸡时再放入，一般可用2～3次。

5.操作关键：

(1)鸡皮要晾干，饴糖要涂匀。

(2)香料要煮出香味再下入鸡。

(3)鸡要煮到酥烂。

6.菜品特点：

外观油润发亮，肉质雪白，味道鲜美，香气浓郁，肉烂脱骨，肥而不腻。

卤牛肉

1. 原料：

主料：牛肉 500 克。

调料：盐 30 克、料酒 50 克、花椒 2 克、白酒 20 克、香料粉 2 克、红糖 30 克、红卤水适量、香油 20 克、烟熏料适量。

2. 工艺流程：

牛肉码味→卤好→熏色刷油→冷后切片→入盘。

3. 操作过程：

(1) 牛肉洗净，用盐、料酒、花椒、白酒、香料粉、红糖拌匀腌制 4 小时，使其充分入味。

(2) 将牛肉入红卤水锅内卤至熟烂，捞出凉凉即可。

4. 操作关键：

(1) 原料选用符合卫生标准的牛的腿肉、脊肉；

(2) 腌制时间不宜过长，腌透即可；

(3) 卤汁香料用纱布包好，煮开即为卤汁，最好使用老卤汤；

(4) 卤汤旺火烧开后，改用文火焖 30~60 分钟（视牛肉老嫩而定）。

5. 特点：

牛肉鲜香、筋道，口味咸鲜适中，风味独特。

1. 什么是走红？卤汁走红与过油走红有什么区别？
2. 走红的特点和具体要求有哪些？

第五章

汽蒸工艺

第五章　汽蒸工艺

第一节　汽蒸的概念和作用

关于"蒸"的历史，据考证最早可追溯到炎黄时代。蒸的工艺相对于其他烹饪，更能保持食物营养和原汁原味，是一种健康的饮食方式。

蒸的产生，使中国烹饪对火的利用、对水的利用达到了一个很高的境界，巧妙地远离水、火，却又完成了能量的转换。靠蒸汽加热，不但达到了熟物的目的，而且蒸制之法，最大限度地保留了原料的固有形态，对中国烹饪的发展产生了极大的作用，尤其是对中国烹饪的面食制作，对中国形成以谷物为主的膳食结构更是居功至伟。因为蒸和煮使原本十分单调的火上燔谷、石上燔谷的谷物制作技术变得多样，使谷物原本并不可口的口感变成松、鲜、软、润、滑，使之成为利于消化、利于吸收的美味。由于蒸的发明和利用，使发酵技术得以新的发展，发酵的面团因蒸制演变出了多种的花样，发酵的原粮经蒸制也更利于酒、醋、酱油等饮料和调味品的制作。

蒸的发明应该是和煮的发明基本同步的，在多个文化遗址出土的陶器中，用于煮的鼎、鬲和甑都是在一个层面上，无法将煮与蒸从炊具产生的时间上加以划分。但蒸又的确与煮有着渊源的关系，可以这样推测，当古人运用石烹之法时，有可能将某些原料在沸腾的水面进行熏蒸，而改变其口感。就像近火的烧烤会衍生出远离火苗，靠热辐射成熟原料的炙一样。这样，在有了陶器之后，产生出用于煮的鼎、鬲，用于蒸的甑，并有了鬲、甑结合的甗。

蒸菜对原料要求极为苛刻，任何不鲜不洁的菜，蒸制出来都将暴露无遗。因此蒸菜对原料的形态和质地要求严格，原料必须新鲜，气味纯正。原料以蒸汽为传热介质加热至熟，不同于其他技法以油、水、火为传热介质。蒸菜原料内外的汁液不像其他加热方式那样大量挥发，鲜味物质保留在菜肴中，营养成分不受破坏，香气不流失，不需要翻动即可加热成菜，充分保持了菜肴的形状完整。

通常，对于蒸，火候的掌握非常重要。蒸得过老、过生都不行。经过调味后的食品原料放在器皿中，再置入蒸笼利用蒸汽使其成熟，根据食品原料的不同，可分为猛火蒸、中火蒸和慢火蒸三种。一般来讲，蒸时要用强火，但精细材料要使用中火或小火。

现代化手段的"蒸"制手段，已经能够通过人为控制，蒸汽压可以调控。蒸炖温度控制在 100℃，保温温度为 80℃。蒸饭用蒸锅蒸制 250 秒或在蒸汽柜中蒸制 12 分钟，而汤需要 35 分钟。加热过程中水分充足，湿度达到饱和，成熟后的原料质地细嫩，口感软滑。蒸类菜肴，用料广泛，多选用质地老韧的动物性原料，以及质地细嫩柔或精细加工后的蓉泥原料，涨发后的干货原料，如鸡、鸭、牛肉、海参、鲍鱼、鱼、虾、蟹、豆腐和各种鱼虾原料蓉泥等。原料的形状多以整只、厚片、大块、粗条为主。

一、汽蒸的概念和分类

汽蒸是在封闭状态下加热，有较高的技术性。为保证汽蒸后的半成品原料符合烹制菜肴的要求，必须掌握好原料的性质、蒸制后的质感、火力的大小和蒸制时间的长短等方面的技术。

汽蒸多适用于体积较大，韧性较强，结构组织紧密，不易熟烂且带有较轻异味的原料，如山药、母鸡、肘子等。

蒸是烹饪方法的一种，指把经过调味后的食品原料放在器皿中，再置入蒸笼利用蒸汽使其成熟的过程。

根据食品原料的不同，可分为猛火蒸、中火蒸和慢火蒸三种。例如"蒸鱼""蒸蛋"等。

根据火力大小可分为：旺火沸水长时间蒸制和中小火沸水徐缓蒸制法。前者多用于干料涨发，后者多适用于不耐高温、细嫩易熟的原料，如蛋白糕、蛋黄糕、鸡蛋等的蒸制。

根据蒸汽压力可分为：放汽蒸、原汽蒸、高压汽蒸。放汽蒸的温度在90℃左右，就是蒸制的时候虽然加盖但不能盖严，留有一条缝隙，当笼屉内汽量过足过猛时，部分蒸汽就会从缝隙中逸出散发，锅内气压与外界相近，减少了对菜品的冲击，避免破坏菜形。

按烹调技法可分为：清蒸、粉蒸、扣蒸、包蒸、糟蒸、花色蒸、果盅蒸等。

二、汽蒸的作用

1. 可保持烹饪原料的形态

烹饪原料经加工后放入蒸锅，在封闭状态下加热，无翻动、无较大冲击，原料内部的水分不外溢，其形状也就不易发生变化，可以保持原料形整不烂、酥软滋润。所以半成品可保持入蒸锅时的原有状态。如鱼翅、干贝、整鸡、鸭等原料常用汽蒸进行初步熟处理。

2. 可以保持烹饪原料的原汁、原味和营养成分

汽蒸是在温度适中的环境中进行的初步热处理，整个加热过程中不存在过高的温度，温度适宜、湿度饱和，由于蒸笼内的水分与原料内部所含水分基本处于饱和状态，因此原料内部的水分不易外溢，原料中的水溶性物质流失少。这种热处

理还不会导致脂溶性、水溶性营养素及呈味物质的流失,使烹饪原料具有较佳的呈味效果。

3.能缩短正式烹调时间

可以加快原料的成熟速度。因为水蒸气和沸水相比,虽然温度相同,但热能比水充足,所以利用汽蒸比利用焯水用时更短。烹饪原料通过汽蒸可基本或接近成熟。如"香酥鸡",通过汽蒸使鸡达到软烂脱骨而不失其形的标准,在正式加热时只需将鸡的表面炸酥脆即可。许多原料在汽蒸作用下已成为半熟、刚熟或成熟的半成品,这样可以大大缩短正式烹调时间。

第二节 汽蒸的方法

一、汽蒸的具体方法

(一)根据汽量和原料蒸制后应具备质感,通常分为:急火大汽量速蒸、中火中汽量长时间蒸、慢火小汽量徐徐蒸、微火微汽量保温蒸

1.急火大汽量速蒸

设备先充满蒸汽→放入原料→大汽量加热断生→取出原料备用。

2.中火中汽量长时间蒸

设备先充满蒸汽→放入原料→中汽量加热使原料酥烂→取出原料备用。

3.慢火小汽量徐徐蒸

设备内放入原料→小汽量缓缓加热成熟→取出原料备用。

4.微火微汽量保温蒸

设备内放入原料→微汽量保持一定温度→使用时取出原料。

(二)根据原料的性质和蒸后质感的不同,汽蒸分为旺火沸水长时间蒸制法和中火沸水徐缓蒸制法

1.旺火沸水长时间蒸制法

是用旺火加热至水沸腾,经过较长时间的蒸制,将原料制成软熟的半成品的方法。具体操作过程是:先把锅内加入足量的水,用旺火加热至沸腾,再把加工整理好的原料置笼中加热蒸制,蒸至所需成熟度后出笼备用。质地嫩的原料3～10分钟。

2.中火沸水徐缓蒸制法

是指用旺火加热至水沸腾,再用中火徐缓地将原料蒸制成所需要的半成品的一种方法。具体操作过程是:先把锅内加入足量水,用旺火加热至水沸腾,再把加工整理好的原料置入笼中,用中火加热、蒸至所需成熟度后出笼备用。原料形体大,质地老,成菜要求酥烂(2～3小时)。原料质地较嫩,或经过较细致的加工,成菜要求保持鲜嫩或保持形态。

蒸制时要求火力适当,水量充足,蒸汽冲力平稳,才能保证半成品符合烹调要求。

(三)根据蒸汽的使用方法分类

1.足汽蒸

将加工好的生料或经过前期热处理的半成品摆盛于盘中,加调味品入蒸锅或蒸箱中,蒸制到需要的成熟度,其间要盖严笼盖,不可漏气,控制好时间,蒸制到需要的成熟度再开锅。足汽蒸法对于食材是有要求的,一般都是需要选用新鲜的动、植物食材,进行相应刀工处理,放饱和蒸汽中加热到成熟。足汽蒸的加热时间应根据原料的老嫩程度和成品的要求来控制,要求"嫩",则时间应控制在 8～15 分钟;要求"烂",则时间控制在 1.5 小时内。

使用这种方式蒸制时,严禁在蒸制期间开锅,一定得盖严笼盖,不能漏气。像蒸鸡、肉、鸭、南瓜这一类新鲜的肉质食品,最好使用足汽蒸法。因为这一类菜品最重要的就是要保证鲜嫩了,而足汽蒸法完全能够满足。

还有就是要正确地使用火候,小火、中火、大火得合理使用。这是蒸制菜肴成功的关键。不同的菜肴,要求使用不同的火力和时间来加热。

2.放汽蒸

放汽蒸法,通俗地理解,就是不需要那么多水蒸气,需要放掉一部分水蒸气。这种蒸法也是根据食材的性质和菜品的不同来要求的,不同时段需要放气。通常有三种方法:开始放气、中途放气、即将成熟时放气。

通常是以极嫩的茸泥、蛋类为原料,原料经加工成茸泥后放入笼中蒸制成熟,在此过程中不必盖严盖。此种成菜方法,根据原料的性质和菜品的不同要求,要在不同时段放气。例如蒸鸡蛋羹的时间就不能过长,气也不能足,先用中火慢蒸,待锅中的水沸腾产生蒸汽充足时就要放气。这种方法,在蒸制菜肴的过程中,食材不宜与调味料相结合。当水蒸气饱和时,菜肴本身的汁液很难渗出,调味料非常难以进入食材中,到时食材里面没有味道,外面味儿又太重。所以,做这一类蒸菜主要依靠加热前的调味,而且要一次调准。

放汽蒸的温度在 90℃左右,蒸制的时候虽然加盖但不能盖严,留有一条缝隙,当笼屉内汽量过足过猛时,部分蒸汽就会从缝隙中逸出散发,锅内气压与外界相近,减少了对菜品的冲击,避免破坏菜形。

(四)根据蒸制菜品的具体方法及风味特色分类

1.清蒸

将主料加工整理后加入调料,或再加入汤(或水)放入器皿中,使之加热成熟。

原料的选择及加工:清蒸菜肴的原料要求是新鲜的,例如鸡、猪肉、海鲜等。初加工时必须将原料清洗干净,清蒸前一般要进行焯水处理。对于大块原料,清蒸时采用旺火沸水长时间蒸制;而对于丝、丁等小体积原料,则采用旺火沸水迅速蒸的方法。

调味:清蒸菜肴的味型以咸鲜味为主,常用的调味品有精盐、味精、胡椒粉、姜、葱等,调味以清淡为佳。

装盘:清蒸菜肴的装盘分为明定盘和暗定盘两种。明定盘是指将原料按一定形态顺序装盘,蒸制后原器皿上桌;暗定盘则要求换盘后再上桌。

成菜特点:此类蒸法的菜具有呈原色、汤汁清澈、质地细嫩软熟的特点。

2.粉蒸

将加工好的原料用炒好的米粉及其他调味料拌匀,而后放入器皿中码好,用蒸汽加热成软熟滋糯。

原料的选择加工:粉蒸通常选用质地老韧无筋、鲜活味足、肥瘦相间或质地细嫩无筋、易成熟的原料,例如鸡、鱼、肉类和根茎、豆类蔬菜等。原料的成形多以片、块、条为主。

调味:粉蒸菜肴要求先进行调味,经腌制入味后的原料,蒸制时才能取得良好的效果。粉蒸菜肴的味型常有咸鲜味、五香味、家常味、麻辣味、咸甜味。拌制过程中所需要的米粉,一般是将籼米炒至微黄,晾干研磨成粉面。拌制的干稀程度也应根据原料的老嫩程度和肥瘦比例灵活掌握。

装盘:粉蒸原料在摆放时应当疏松,相互之间不能压实压紧,否则影响菜肴的质量。质感细嫩松软的菜品,用旺火沸水速蒸;质地软烂不散的菜品,用旺火沸水长时间蒸。

成菜特点:呈金黄色、味醇香、油而不腻。

3.旱蒸

又称扣蒸,原料只加调味品不加汤汁,有的器皿还要加盖或封口。

原料的选择加工:旱蒸菜肴大多采用新鲜无异味、易熟、质感软嫩的原料,例如鸡、鸭、鱼、虾、猪肉、蔬菜、水果等。

调味:大多数为咸鲜味,蒸制成菜后,还应调味或辅助调味。

装盘:利用旱蒸方法成菜,有的直接翻扣入盘、碟等器皿上菜,如"龙眼烧甜白";有的要加汤后上菜,如"芝麻肘子";有的要挂汁后上菜,如"白汁鸡糕";有的要淋味汁或配味碟上菜,如"姜汁目鱼"。

成菜特点:形态完整、原汁原味、鲜嫩可口。

4.包蒸

用菜叶、荷叶包上调味后的原料蒸制,有的外面再用玻璃纸包好才上笼。

5.酿蒸

即在原料表面涂贴鱼茸、虾茸、鸡茸等,涂成各种形状、色彩,或在食物中塞入各种馅心,放入盆、碗中上笼蒸制。蒸熟后仍保持原有色彩、味道。

6.造型蒸

即将原料加工成茸后,拌入调味料和凝固物质,如蛋清、淀粉、琼脂等,做成各种形态,装在模具内上笼蒸制,蒸熟后成为固体造型。

二、汽蒸应注意的事项

1.注意与其他初步热处理方法的配合

许多烹饪原料在汽蒸处理前还要进行其他方式的热处理,如过油、焯水、走红等。各个初步热处理环节都应按要求进行,以确保每一工序都符合要求。

2.注意调味要适当

汽蒸属于半成品加工,必须进行加热前的调味。但调味时必须给正式调味留有余地,以免口重。调味分为基础味和补充味,基础味是在蒸制前使原料入味,浸渍加味的时间要长,且不能用辛辣味重的调味品,否则会抑制原料本身的鲜味。补味是蒸熟后加入芡汁,芡汁要咸淡适宜,不可太浓。可以在蒸制前使原料入味,浸渍加味的时间要长,而且不能用辛辣味重的调味品,在蒸制菜肴的过程中,原料不宜与调味料相结合,尤其当笼中气体饱和时,菜肴本身的汁液不易渗出,调味料更难以进入原料中。所以,蒸菜主要依靠加热前的调味,而且要一次调准。

3.要防止烹饪原料间互相串味

多种烹饪原料同时采用汽蒸时,要防止汤汁的污染和串味。烹饪原料不同、半成品不同,所表现出的色、香、味也不相同。因此,汽蒸时要选择最佳的方式合理放置烹饪原料,防止串味、串色。味道独特、易串色的烹饪原料应单独处理。

4.注意原料的选择

原料要新鲜,因为蒸制时原料中的蛋白质不易溶解于水中,调味品也不易渗透到原料中,故而最大限度地保持了原汁原味。因此必须选用新鲜原料,否则口味会受影响。

5.准确控制加热时间,恰当掌握成熟度

要根据原料的质地和火候的大小,准确掌握好蒸制的时间,保持菜肴达到的的标准要求。对于质地较老的原料,要小火长时间蒸制;对于细嫩的原料,要大火快速蒸制,以保持菜肴的鲜嫩程度。

6.适当控制汽量,确保风味特色

(1)汤水少的菜肴放在上面,汤水多的应放在下面,这样拿取比较方便,不易造成烫伤事故。

(2)色浅的菜肴应放在上面,深色的放在下面,这样放置的目的是上面菜肴的汤汁溢出时,不至于影响下面菜肴的颜色。

(3)不易熟的菜肴应放在上面,易熟的放在下面。因为热气向上,上层蒸汽的热量高于下层。

（4）一定要在锅内水沸后再将原料入锅蒸。

（5）上火加温的时间一般比规定时间少 2～3 分钟，停火后不马上出锅，利用余温虚蒸一会。

7.掌握好火候

火候即加热时所采用的火力的大小和时间的长短，应根据原料的质地老嫩、体积大小、分量多少等需求，掌握住汽蒸的火力大小和时间长短。出笼早，原料未熟；出笼迟，原料过于酥烂。正确地使用火候，是蒸制菜肴成功的关键。不同的菜肴，要求使用不同的火力和时间来加热。一般而言，质地要求鲜嫩的菜肴，多用旺火、足汽、速蒸，加热时间 5～20 分钟不等，以断生为度；质地较老、体形大而又需要蒸得酥烂的菜肴，需要旺火沸水蒸制 1～4 小时不等；原料质地较嫩，或经过较细致的加工，要求保持鲜嫩的质感或完整形态的，则最好用中等小火沸水慢慢蒸。

用旺火沸水速蒸，适用于质嫩的原料，如鱼类、蔬菜类等，时间为 15 分钟前后。对质地粗老，要求蒸得酥烂的原料，应采用旺火沸水长时间蒸，如香酥鸭、粉蒸肉等。原料鲜嫩的菜肴，如蛋类等应采用中火、小火慢慢蒸。

8.注意装笼的顺序

在装笼时应将易熟的放在上层，难熟的放在下层，这样便于出笼；对于有汤汁和无汤汁的原料，应将无汤汁的放在上层，有汤汁的放在下层.这样可避免有汤汁菜肴的汤滴入无汤汁的菜肴中，影响风味。色泽重的菜品应放在下面；易成熟的菜品放在上面，不易成熟的则放在下面。

9.注意笼中的水量

蒸菜是利用水沸后产生的水蒸气为传热介质，使食物成熟的烹调方法。蒸菜具有含水量高、滋润、软糯、原汁原味、味鲜汤清等特点。水足则气大，应防止蒸笼跑气、漏气。

蒸菜原料在加热过程中处于封闭状态，直接与蒸汽接触，一般加热时间较短，水分不会大量蒸发，所以成品原味俱在，口感或细嫩或软烂。

第三节　汽蒸范例

三鲜蒸鱼

1.原料：

主料：桂鱼1条(700克)。

配料：水发香菇100克、火腿100克、冬笋100克。

调料：盐5克、葱5克、姜5克。

辅助料：色拉油1500克、淀粉10克。

2.初加工：

桂鱼去腮刮鳞，开膛去内脏洗净；香菇、冬笋洗净；葱姜去皮洗净。

3.切配：

香菇切片，笋切片，火腿切片；葱姜切片拍松。

4.烹调：

(1)桂鱼剞斜一字刀抹上盐、料酒、葱姜腌渍15分钟；

(2)香菇片、火腿片、笋片按顺序一同塞入鱼身斜切处；

(3)大火蒸约10分钟，鱼蒸熟后取出，浇玻璃芡即可。

5.操作关键：

(1)蒸鱼时间不要过长，否则鱼容易老；

(2)剞刀要均匀，否则鱼的成熟程度不一样；

(3)芡汁要略为浓稠，以能挂在鱼片上为宜。

6.菜品特点：

鱼肉鲜嫩，咸鲜可口，造型美观。

冰糖肘子

1.原料：

主料：猪肘1个(约1250克)。

调料：花椒5克、冰糖100克、糖色20克、大葱30克、酱油25克、黄酒20克、姜15克。

辅助料：色拉油1500克、湿淀粉20克。

2.初加工：

(1)将肘子用火筷子叉起，架在火上烧至皮面发焦时，放入80℃的温水中泡透，用刀刮净焦皮，见白后洗净，用刀顺骨劈开至露骨；

（2）再放入汤锅中，煮至六成熟捞出，趁热用净布擦干肘皮上面的浮油，抹上糖色，晾干备用；

（3）炒锅内放入色拉油，用中火烧至八成热时，将猪肘放入油内，炸至微红，肉皮起皱纹或起小泡时捞出。

3.切配：

（1）沥油后用刀剔去骨头，从肉的里面剞成核桃形的块，深度为肉的2/3；

（2）取大碗一个，将肘子皮朝下放入碗内，把冰糖砸碎放入碗内；

（3）然后放入酱油、黄酒、清汤40毫升、葱、姜上蒸笼。

4.烹调：

（1）用旺火蒸制2小时，肘子蒸烂取出，扣在盘内；

（2）将汁滗入锅内，再加入清汤，用湿淀粉勾芡，加入明油，淋在肘子上面即成。

5.操作关键：

（1）猪肘要用净布擦干水分，用蜂蜜在肉皮上抹匀，要趁热入油锅中炸制，以皮色微红，起有小泡为度；

（2）蒸制时，要旺火气足，以软烂成型为度。

6.特点：

色泽红亮，香甜味浓，肥而不腻，质地酥烂，肘香肉鲜，引人食欲。

蒸鸡蛋

1.原料：

主料：鸡蛋3个。

调料：食盐1克，生抽5克，麻油5克。

2.初加工：

鸡蛋打碗里，加入纯净水或冷高汤，水与鸡蛋的比例为1∶1，加入食盐，再搅打均匀。

3.烹调：

（1）火上放蒸锅，加水烧沸，将蛋液放在蒸锅中加盖，但不能盖严，留有一定的缝隙，用中大火蒸约10分钟。

（2）将碗取出，在蛋面上浇入生抽和麻油，即可食用。

4 操作关键：

（1）注意鸡蛋和水的比例，水少，蒸出的鸡蛋不嫩，水多，蒸出的鸡蛋太稀；

（2）蒸制时一定不能盖严锅盖，否则容易起孔蒸飞；若盖严锅盖，要随时掀开

锅盖,放气后再蒸;

(3)由于是放汽蒸,蒸制的时间较长,可随时观看蒸制的程度,具体方法就是用筷子插一下,看是否有蛋液流出。

5.特点:

鲜嫩适口,香气扑鼻。

1.什么是汽蒸?汽蒸有什么特点和具体要求?
2.汽蒸的具体方法有哪些?

第六章

制汤工艺

第六章 制汤工艺

第一节 制汤的概念和作用

中国烹调工艺自古重视制汤技术，在中国悠久的烹饪饮食文化中，在传统的烹饪技艺中，汤作为一种特殊的物质，是制作菜肴的重要辅助原料，是形成菜肴风味特色的重要组成部分。制汤工艺在烹饪实践中历来都很受重视，无论是低档原料还是高档原料，都需要用汤加以调配，味道才能更加鲜美。

在味精没有发明以前，中国菜肴的鲜味主要来自鲜汤提味。虽然现在有了味精、鸡精等许多增鲜剂出现和使用，但与汤的鲜美是有差异的，鲜汤从来没有被放弃，仍然是厨房必备之物。味精等鲜味物质并不能取代汤的作用，只能与汤配合使用才能收到更好的效果。尤其是在制作那些名贵的山珍海味时，仍然要使用高级鲜汤来提味和补味。

汤被历代烹饪大师们奉为调味的"灵魂"，并用它不断地创新出一道道美味佳肴。"无汤不成席""厨师的汤，唱戏的腔""要想味道好，定用汤来煲"等，说明了汤的重要性，也说明了汤在烹饪中占有举足轻重的地位。

战国时期的《吕氏春秋·本味篇》中，详细记述了伊尹为"商汤说至味"的主要内容："夫三群之虫（三类动物），水居者腥，肉者臊，草食膻。臭恶犹美，皆有所以。凡味之本，水最为始。五味（甘酸苦辛咸），三材（水、木、火），九沸九变，火为之纪。时疾时徐，灭腥去臊除膻，必以其胜，无失其理。调和之事，必以甘、酸、苦、辛、咸。先后多少，其齐甚微，皆有自起。鼎中之变，精妙微纤，口弗能言，志弗能喻。若射御之微，阴阳之化，四时之数。故久而不弊，熟而不烂，甘而不哝，酸而不酷，咸而不减（减损也），辛而不烈，淡而不薄，肥而不腻。"这段话充分论述了如何通过火候加热、调和调味，为后人加工制作调味用汤提供了充分的理论依据。

羹应该是汤的雏形。先秦时期饮食中的羹是一种肉汁或菜汁，品种颇多。南北朝时期贾思勰的名著《齐民要术》一书中记载有鸡汁、鹅鸭汁、肉汁等，这可说制汤的初始阶段。至唐代出现所谓羹汤，如王建的诗《新嫁娘》，其中有"三日入厨下，洗手作羹汤"之句。羹汤是由羹演变而来，是一种有菜料有汤汁的汤菜。元朝忽思慧的《饮膳正要》中有多种汤菜，如八儿不汤、鹿头汤、松黄汤、阿菜汤、黄汤等，都是以羊肉为主料制取的。此外还有团鱼汤、熊汤等多款汤菜。清代的烹饪著作《调鼎集》记载有虾仁汤、神仙汤、九丝汤、鲟鱼汤、蛤蜊鲫鱼汤、玉兰片瑶柱汤等。以上所述是汤菜的形成与发展过程。至于鲜汤提清之术，古代即有记载。如宋元时期有提清汁法,乃是将生虾加酱捣成泥,汁汤中,使汤锅从一面沸起,撇去浮沫及渣滓,如此提清数轮至鲜汤澄清。明代有用浸泡鲜肉溶出的血水提取清汤的方法。也有取竹笋、瓜瓠、鸡、鱼、猪肉等分煮再合而过滤,澄清后即为荤素鲜汤。还有用甘蔗段、笋、瓜瓠等一起煮制的素汤。清代制作鲜汤的原料荤汤取畜类禽类,素汤则多以黄豆芽、黄豆、蚕豆、冬笋、菌菇类等。现代鲜汤提清则多利用鸡肉茸、精肉茸、牛肉茸等为吸附物料。

一、制汤的概念

制汤,又称汤锅、熬汤、煲汤等,就是把富含蛋白质、脂肪、核酸及有机酸等新鲜可溶性的动植物原料置于多量水中,使原料内浸出物充分溶解水中,在水中长时间加热水解,取其鲜味物质制成鲜汁的工艺过程。是用于烹制菜肴的鲜味调味液和制作汤菜的底汤。汤料的营养成分以蛋白质、脂肪为主,而汤料所含鲜味物质则颇为复杂,有谷氨酸、乌苷酸、肌苷酸、酰胺等40余种。不同物料所含的呈鲜物质的主要成分各不相同,如母鸡含谷氨酸多,猪肉、火腿则含多量的肌苷酸等。

二、烹饪中制汤常用原料

烹饪中制汤常用的原料主要有:猪腿骨、老母鸡、老公鸭、猪肚、火腿、猪肘子、鸡脯肉、猪蹄、里脊肉、笋、菌类、黄豆芽等。

在原料的选用上,应注意以下几点:

1.原料的选用及初步加工

必须选用异味小、血污少、新鲜的原料。所用原料一定要新鲜,否则原料中的异味将被一起带入汤中,影响汤的质量。制汤的原料必须经过初步加工处理,以除去原料上的污物和尾上腺,避免制成汤后出现异味。在动物性原料中,牛肉、羊肉因含有多量的低分子挥发性脂肪酸,从而带有特殊的气味,因此,除非用于烹制牛肉、羊肉菜肴,烹饪中一般不选用牛羊肉作为制汤的原料;鱼肉中含有谷氨酸、肌苷酸、琥珀酸、氧化三甲胺,滋味非常鲜美,但是其放置时间稍久,氧化三甲胺在还原为气味浓烈的三甲胺的同时还会分解出一些有腥味的有机化合物,因此除了鱼类菜肴可以使用鲜鱼汤外,其他菜肴一般不用鱼汤。

2.必须选用富含鲜味成分的原料

制汤的原料中应富含鲜味成分,如核苷酸、氨基酸、酰胺、三甲基胺、肽、有机酸等。这些成分在动物性原料中含量最为丰富,所以制作鲜汤的原料应当以动物性原料为主。在动物性原料中,首选原料是肥壮老母鸡,并以"土鸡"为好;鸭子应选用肥壮的老母鸭,但不宜选择太老的鸭子;也不宜选用嫩鸭和瘦鸭;猪瘦肉、猪肘子、猪骨头,一般宜从肥壮阉猪身上选用,不宜选用种猪肉;在选择火腿、板鸭时,以选用色正味纯的火腿和板鸭为好;冬笋、香菇、竹笋、鞭笋、黄豆芽等都是制作素菜汤的理想原料。

3.不同性质的汤,选料不同

制作奶汤的原料需要含有丰富的动物性蛋白质,还要有一定的脂肪,这是奶汤变白的一个重要原因,因为脂肪是能产生乳化作用的物质,也就是说要有一定量的骨骼原料,要含有一定量的胶原蛋白的原料,使奶汤浓稠,增加味感和辅助乳化作用,使水油均匀混合。

制作清汤原料一定要选择陈年的老母鸡,保证清汤充足的鲜味,所选原料不能含有过多的脂肪,防止使清汤变色;要选用含胶原蛋白少的原料,避免汤汁浑浊。

三、汤汁中的呈鲜物质

汤汁以鲜为主,其呈鲜物质主要有:

1.蛋白质类:包括谷氨酸、甘氨酸、精氨酸、天门东氨酸和某些肽等。

2.核酸类:包括肌苷酸、乌苷酸、黄苷酸等。

3.有机酸类:包括琥珀酸和某些脂肪酸等。

这些物质溶解于水中,从而使汤汁鲜美。

四、汤的分类

1.按原料性质可分为:荤汤、素汤。

荤汤:高级清汤(三合汤)、鸡清汤、肉白汤、鱼白汤、海鲜汤等。

素汤:豆芽汤、鲜笋汤、菌汤。

2.按汤的味型分为:单一味、复合味。

有单一味和复合味两种,单一味汤是一种原料制作而成的汤,如鲫鱼汤、排骨汤等;复合味汤是指两种以上原料制作而成的汤,如猪骨鲜笋汤、蘑菇鸡汤等。

3.按汤的口味分为:咸汤、甜汤。

咸汤:以盐为重要调味品,主要是以咸味为主。

甜汤:以糖或其他甜味剂为重要调味品,主要是以甜味为主。

4.按汤的色泽分为:清汤、白汤。

清汤:口味清醇,汤清见底;又分为普通清汤、高级清汤。

白汤:口味浓厚,汤色乳白;又分为普通白汤、浓白汤。

5.按制汤的工艺方法可分为:单吊汤、双吊汤、三吊汤等。

单吊汤就是一次性制作完成的汤;双吊汤就是在单吊汤的基础上进一步提纯,使汤汁变清,汤汁变浓;三吊汤则是在双吊汤的基础上再次提纯,形成清汤见底、汤味纯美的高汤。

汤的品种虽然很多,但它们之间并不是绝对独立的,而是有一定的联系或互相重叠。

小贴士:中、西餐制汤对比述评

一、所谓制汤是指中餐制作的鲜汤,西餐的基础汤。中餐应用于烹调实际中的鲜汤可区分为毛汤、白汤和清汤。西餐的基础汤概分为浅色(白色)基础汤和深色(棕红色)基础汤。中餐的鲜汤实际上也是基础汤,多用为烹调菜肴时赋味增鲜,特别是制作鱼翅海参类的菜肴更需利用高汤(顶汤)促使主料本味释放扩大。中餐也利用鲜汤作为制作汤菜的底汤。

二、中、西餐制汤的汤料都是用畜肉、禽肉、鱼虾类以及其骨骼、骨架。中餐用猪肉、猪骨、火腿之类不在少数,西餐制汤基本不用猪肉,牛肉和鸡用得较多。中餐的制汤调料用葱、姜、料酒、食盐。西餐则用蔬菜香料(胡、洋、芹)香叶、胡椒粒、百里香等。

三、中、西餐制汤机理、制汤工艺过程基本相同。中、西餐制汤的汤料都是动物性原料为主,这类物料含有丰富的营养物质和鲜味物质,当加热时其蛋白质发生性变,溶解度增加,随着加热时间延长,溶解于水中的蛋白质增加,其中含氮浸出物便会渗透出来,促使汤呈鲜醇味道。汤料中的呈鲜物质有多种,而主要者为谷氨酸、鸟苷酸、肌苷酸等。而营养成分主要是指汤料中所含的蛋白质、脂肪、矿物质等。

中、西餐制汤工艺过程都是汤料随冷水入锅,旺火催开,改用慢火长时熬煮,以促使汤料的营养成分和鲜味物质充分析出,从而提高汤的质量和口味。

四、西餐对基础汤的使用区分严格。做什么样的汤菜用什么基础汤,做什么少司用什么基础汤,一汤一格,针对性很强,绝不含糊。中餐应用鲜汤烹制菜肴作为调味剂,同时也用作汤菜的底汤。厨师对汤的使用得心应手,灵活性较大。但也有一定的针对性,如制白汁菜用白汤,较高档菜肴用清汤或高汤。

综上所述可知:两大烹饪体系制汤比较接近或相通,诸如制汤工艺过程、制汤机理,中、西餐的处理手法和认识是一致的。只是各自烹调特点的不同而显现出一定的差异。无疑,中、西餐在烹调实践中对制汤的特点可以互相借鉴和补充。

第二节　制汤的方法

一、制汤的具体方法

(一)白汤

又称为奶汤,根据用料、制作工艺和成品质量,白汤有普通白汤和浓白汤之分。

1.普通白汤

也称为一般白汤,俗称"毛汤"或"次汤"。

普通白汤属于复合味汤,一般是用鸡、鸭骨架、猪骨、火腿骨等几种原料,经焯水洗涤干净后,放入锅中,加适量的清水、葱、姜、黄酒等,采用急火或中火煮炖至汤体呈乳白色,除净浮沫过滤即成。

普通白汤的主要特点是:用料普通、操作简单、易于掌握、鲜味一般,多用于烹制一般菜品。

2.浓白汤

也称为高级奶汤。采用鸡、鸭、猪蹄髈、猪脚、猪骨(最好是棒骨砸断)、腊肉、白肉的原料。经焯水洗涤干净后,放入锅中,加足清水急火烧沸除净浮沫,再加上葱、姜、黄酒等,继续急火或中火加热至汤汁浓稠且呈乳白色取出原料,清除渣滓即成,一般来说,10斤料制15斤汤左右为宜。

浓白汤的主要特点:用料讲究、汤体浓稠乳白、鲜味醇厚,多用于奶汤一类菜品的制作。

(二)清汤

根据用料、制作工艺及成品质量不同,清汤有普通清汤和高级清汤之分。

1.普通清汤

也称为一般清汤、次汤、毛汤。采用鸡、鸭骨架、翅膀、猪蹄髈的原料,经焯水洗涤干净后,随冷水一同下锅,急火加热至沸腾,除净浮沫,放入葱、姜、黄酒,改用慢火长时间加热,不能使汤面沸腾,使原料中的蛋白质等营养成分及呈现物质充分溶于汤中,再除净表面浮沫及油分即成。

普通清汤的特点:汤汁稀薄、清澈度差、鲜味一般,多用于普通菜肴的制作和制作高级清汤的基础汁液。

2.高级清汤

也称为高汤、上汤、顶汤。

高级清汤是在一般清汤的基础上,进一步提炼而成的,行业中称为"吊汤"。具体方法如下。

将鸡肉与适量的葱、姜,加工成茸泥状,放入盛器内,加入适量的黄酒和一般凉清汤搅匀成馅备用。将一般清汤沉淀过滤除净渣状物放入汤锅内,随即加入调好的鸡馅,边加热边用手勺顺同一方向不停地慢慢搅动,待汤将沸时,鸡茸泥浮在汤面时;改用小火或使汤锅半离火源,不能使汤面翻滚。此时停止搅动,撇净浮沫及油分,用漏勺慢慢捞起鸡茸泥,使用手勺挤压出汤汁成饼状,再慢慢托放入汤中,以使其中的蛋白质等成分及鲜汁充分溶于汤中,然后去掉鸡茸泥,除渣保持一定温度即成。

如果要制质量更高的清汤,可采用上述同样方法吊制第二次、第三次。总之,吊制的次数越多,汤味越加鲜醇,汤更加清澈。

吊汤的主要目的:在吊汤的过程中,采用鸡等原料的茸泥物进行吊制,最大限度地提高汤汁的鲜味和浓度,使口味更加鲜醇,同时利用茸泥料的助凝作用,吸附汤液中的悬浮物,使汤汁更加清澈。

吊汤的关键:

①严格选料,保证质量

汤的质量优劣,首先受汤料质量好坏的影响。制汤原料应选用鲜味浓厚的动物性原料,要求富含鲜味成分、胶原蛋白,含有适量脂肪,无腥膻异味等。因此,选料时应选用鲜活的鲜味浓厚的原料,如猪肉、牛肉、鸡、口蘑、黄豆芽等。多以母鸡为主要原料。因为母鸡肌肉组织所含的浓厚鲜味,以及丰富的蛋白质、脂肪、糖类、维生素及无机盐等是其他原料所不及的。但是,用作煮汤的母鸡应该有所选择,必须是宰杀后体重在1.5千克以上的老母鸡,越老越好。以鸡为主,再配以瘦猪肉、火腿、鸭子、肘子、脚爪、骨头、骨架等肉类原料。不用有异味的、不新鲜的,尤其是鱼类。不用易使汤汁变色的香料,如八角、桂皮、香菇、花椒等。

②冷水下料,一次加足

吊汤的原料以大块整只为宜,与冷水同时下锅,一次加足水量,中途不能加水。冷水下料逐步升温,可使汤料中的浸出物,在原料表面受热凝固收缩之前,就大量地进入到原料周围的水中,并逐步形成较多的毛细通道,从而提高汤汁的鲜味程度。若直接放入沸水锅,会使原料的表面骤受高温,表层蛋白质容易变性凝固,组织紧缩,呈鲜物质不能大量溶于汤中,汤汁不易达到鲜醇的程度。同样,水量一次加足,可使原料在煮制过程中受热均衡,以保证原料与汤汁进行物质交换的毛细通道畅通,便于浸出物从原料中持续不断地溶出。中途加水,尤其是加凉水,会打破原来物质交换的均衡状态,减少物质交换的速度,从而降低汤汁的鲜味程度。也不能先加入盐,因为盐具有渗透作用,能渗透原料内部,排出原料内的水分,同时使蛋白质凝固,汤汁不浓,鲜味不足。所以,原料要在冷水下锅后,加热烧沸,撇去浮沫,加点葱、姜、料酒,即可熬制,最后加盐。

③旺火烧开,小火保持微沸

和烹制菜肴一样,吊汤也要掌握好火候。清汤和奶汤,要用两种不同的火候。奶汤的火候,先旺后中,汤面始终保持沸腾的状态,直至汤汁呈乳白色,并以较高浓度为准。但要注意防止原料粘锅底,产生不良味道,破坏了汤汁;若火力不足,会使汤汁不浓,黏性较差,滋味不美,失掉奶汤特色。在适当的火候下,要开锅熬制两个小时左右。这种鲜汤,大多用于煨、焖、煮等技法烹制白汤菜肴,还可用于烧、扒等菜肴的调味。清汤的火候,则是先旺后小,在汤汁煮沸后,立即改用小火,保持汤面微开,呈翻小泡状态,行话叫作冒"菊花心"泡。但火力又不能过小,过小不冒泡,原料内含有的蛋白质等物质也不容易溢出,影响汤汁鲜味和质量。相反,火力也不能过大,大了汤面沸腾,汤色就会变为浓白,失掉清汤澄清的特色。清汤熬制时间也比奶汤长得多,一般要盖锅熬四小时以上。熬制以后,再用细白纱布过滤,除去渣滓,即成鲜醇、澄清的汤汁。

④除腥增鲜,注意调料投放

汤料中鸡、肉、鱼等,虽富含鲜香成分,但仍有不同程度的异味。制汤时必须除去异味,增加香味。因此,汤料在正式制汤前,应该焯水洗净。有时放葱、姜和料酒等去除异味。要注意调味料的投放顺序。煮制清汤时有的用葱头、胡萝卜、芹菜等,这些蔬菜都有一些挥发油和香气成分,为了避免这些挥发成分过早挥发掉,影响汤的风味,应在清汤煮好前1小时放入。食盐的投放需要特别注意。制汤过程中最好不要放盐,因为盐是强电解质,一旦进入汤中便会全部电离成氯离子和钠离子,氯离子和钠离子都能促进蛋白质的凝固,影响热的传递,妨碍浸出物的溶出等,对制汤不利,还能使汤变浑浊。

(三)素汤

素汤是制作菜肴常用的汤。一般是选用豆芽、鲜笋、冬菇、口蘑等植物性原料制成,操作方法简单,具体方法是将原料洗涤干净加清水、葱、姜,加热至鲜味溶于水中去掉原料即可。

根据用料不同有豆芽汤、鲜笋汤、菌汤等。

制汤的原料与加水量的比例一般以1∶5为宜。

二、汤汁形成的原理

1. 荤白汤

所用原料为鸡、鸭、鱼、猪骨、猪蹄髈、白肉、腊肉等富含胶原蛋白、脂肪及磷脂的动物性原料。特点是汤色洁白、汤汁醇厚、营养丰富。

在加热过程中，随着温度的升高，原料中的胶原蛋白、脂类、无机盐、维生素溢出形成鲜美的汤汁。在加热过程中原料中的血红蛋白析出后，吸附周围的污物与杂质变性凝固，变性后的血红蛋白由于体积变大，比重变轻而上浮汤面，此时，用手勺撇去这些浮沫可起到清汤的作用。此即为浮沫的形成原因。

汤体在急火或中火加热过程中，不断振动使脂肪分子被撞击成许多小油滴而分散于汤中。肉皮和汤中的胶原蛋白在不停地振荡下，首先螺旋状结构被破坏，接着发生不完全水解形成明胶。明胶溶于汤中，是一种亲水性很强的乳化剂，在汤中它与磷脂共同起着乳化作用。明胶分子与磷脂分子上的非极性基因伸向油滴，将油滴包裹在里面，阻止了油滴的聚集，使汤汁成为油、水、胶三相结合的分散体系。而明胶与磷脂另一端大量的亲水基团与水结合，使这个分散体系十分稳定。因此，白汤在静止后不会随时间的延伸而改变色泽。在这个分散体系中，油稳定地分散在汤水中。这种水包油型的脂肪滴（或称油滴）在光线的折射中，颜色是乳白色的，像牛奶一样，这就是白汤的成因。

2. 荤清汤

所用原料为老母鸡、猪肘、鸡鸭骨架等含蛋白质、核酸及有机酸丰富、脂肪含量较低的动物性原料。特点是汤色微黄、清澈见底、味道鲜醇、营养丰富。

原料放入水锅中，先急火烧开，随即改为小火加热，使汤热而不滚，似开非开，随着加热时间的延长，原料中的含氮浸出物慢慢溶于水中，味道会越来越浓，由于采用小火加热，汤体始终保持平静状态，因此，水对原料的撞击力很小，这样胶原蛋白分解明胶就少了许多，磷脂也不能充分析出，从而在汤中丧失了乳化的条件。在这种汤汁体系中，溶化了的油脂因比重轻而浮于汤面，并且由于油脂本身表面张力于水不同而聚集在一起。此时将汤面油脂撇净就可制得清汤。

3. 吊素清汤

将黄豆芽、鲜笋的根部、扁尖笋、鲜蘑菇、白萝卜、胡萝卜、美芹、葱、姜等原料洗净，但鲜蘑菇、扁尖笋要焯水后再洗净；然后各种原料500克，加清水1000克，旺火烧开后放适量葱姜，转小火烧煮3～4小时，即成清汤。此汤可用于高档素菜肴，如清汤银耳、扣素三丝、燕窝鸽蛋、丝瓜白玉汤等。

4. 吊素浓汤

将吊素清汤的渣，再加洗净的香菇根、黄豆芽加油炒透后加清水一起下锅，用旺火烧开，撇去浮沫，煮3～4小时，即成奶白色浓汤。此汤可用于烧烤麸、烧素鸡、烩汤、羹类菜肴。

第三节　制汤范例

白汤

1. 一般白汤

原料：

一般用鸡、鸭的骨架，猪明骨、肋骨、猪皮等，还可用焯水后的鸡、鸭、猪肉等原料。

操作过程：

这种汤的制法简单，较为普遍，其方法有两种。

一种是将鸡、鸭、蹄膀、猪肉及猪骨、鸡骨等类的原料直接放入汤锅中（有的也可先把原料焯一下水，洗净后，再放入汤锅中），加料酒、葱、姜等烧沸后去掉汤面上的血污和浮沫，加盖用中火加热（焯水的原料根据菜肴的要求即时取出），至汤呈白色时即成。

另一种是利用制过汤的原料，加水继续加热 2～3 小时，待汤呈浅白色时即成。也可加入鸡、鸭的骨架，肉骨等原料吊汤，制一般白汤的原料与汤的比例通常是 1∶3，如果汤汁过多，就会影响汤的浓度、色泽及口味。

特点：

汤呈浅白色，浓度较差，鲜味不足。汤汁可作为一般菜肴的汤料和调味用汤。

2. 浓白汤

原料：

一般用鸡鸭的骨架、翅膀、猪骨、猪蹄髈、瘦肉等原料。

操作过程：

将用于制汤的原料洗净，放入汤锅中加上冷水用旺火烧沸后，撇去汤面上的浮沫，加入料酒、葱、姜等继续用中火加热到汤稠而色呈乳白色即成。制汤的原料及汤汁的比例一般是 1∶1～1∶5。需要用汤时，应先将原料捞起，再用纱布或汤筛过滤即可使用。

特点：

汤呈乳白色，浓度较高，口味鲜醇，能增加菜肴口味的浓厚和鲜香。一般为煨、焖、煮等白汤菜肴的汤汁，以及烧、扒等菜肴的提鲜调味。

清汤

1. 一般清汤

原料：

主要原料以老母鸡为主，也可用鸡、鸭的骨架等原料。

操作过程：

将制汤的原料洗净放入锅中，加入冷水、葱结、姜块、料酒，用旺火烧沸后撇去血污，然后改用小火进行长时间的加热（约 3 小时），使原料中的蛋白质、脂肪及其他营养素充分地溶解在汤中。原料与汤的比例为 1∶2。制汤时一定要改用小火，保持"沸而不腾"，否则，汤汁浑浊不清，就达不到制汤的目的。

特点：

汤汁澄清、口味鲜醇。一般作为较贵重的汤菜和高档宴席菜肴的提鲜调味。

2. 高级清汤

原料：

制高级清汤以一般清汤为基准，加入用猪里脊肉和鸡腿肉或鸡脯肉剁茸兑制的血茸水。

操作过程：

先将一般清汤过滤冷却，除去渣状物，再将猪里脊肉剁成茸状，然后加葱结、姜块（拍烂）、料酒及适量清水浸泡 30 分钟左右，再去掉葱姜，倒入已过滤后的清汤中，以中小火慢慢加热，同时用勺把猪里脊茸轻缓地搅散（搅动时必须顺着一个方向搅动）。刚搅动时汤先发浑，等渐渐澄清后停止搅动，汤即将烧沸时，立即改用小火不让汤翻滚，使汤中的渣状物吸附于肉茸而浮上汤面，用漏勺将其轻轻捞出，汤经过过滤即可成为高级清汤。这种提炼方法称为"吊汤"（也叫红吊），如果在此基础上，再用去皮的鸡脯肉或鸡腿肉剁成的茸，用上述方法提制，则叫作"白吊"，汤汁就更加鲜醇透明、次数越多、口味越鲜美。高级清汤的原料与汤汁的比例为 1∶1，如讲究 2∶1 亦可。这种用鸡茸制汤的方法，一是使鸡茸中的营养成分较大限度地溶解于汤中，提高汤的鲜醇；二是利用鸡茸的吸附作用，去掉小渣滓，以提高汤汁的澄清度。

特点：

汤汁更为澄清，滋味更为鲜醇。一般用于贵重的汤菜和高级的宴席菜肴。

混合汤

原料：

老母鸡、猪瘦肉、火腿，也有的地方用老母鸡、鸭子、猪肘等原料，各地制法不同，但必须以老母鸡为主，其他原料为辅。这种汤俗称"三合汤"。

操作过程：

将三种原料焯水后投入汤锅内，加一定量的清水。用中小火慢慢烧沸，去浮沫，加绍酒、葱结、姜块（拍松）后盖上锅盖，用中小火长时间加热（时间3小时左右），如需要清汤，则必须用小火，汤不能沸腾，否则，即成白汤。三合汤所用的比例一般为1∶2。

特点：

汤鲜香浓郁，味醇厚，一般用于较高档的菜肴。

牛肉清汤

原料：

新鲜牛肉，也可加些牛骨（如制牛肉混合汤可加些鸡肉）。

操作过程：

将原料洗净放入汤锅，注入清水，加上葱结、姜块、绍酒（西餐制法加洋葱头、胡萝卜，将其原料切成片在炉板上略烤，与鲜芹菜一起放入汤中），用中火烧沸撇去浮沫，改用小火，使汤面微沸。一般要煮3小时，待可溶性成分溶解于汤中以后，用汤筛过滤即可。

如要汤汁更加鲜醇、清澄，可用牛肉、蛋清等原料。制作时把肉剁成细末与蛋清拌匀，然后放入过滤后的冷汤中用中小火加温，并用汤勺顺着一个方向搅动，待原料逐渐凝固，汤变清，就停止搅动，再改用微火，以不使汤液翻滚为准，待汤液透明后即成鲜美汤汁。牛肉清汤的原料与汤汁的比例可根据需要灵活掌握，一般是1∶3。如用于高级宴会，原料与汤汁的比例可为1∶2；如用于一般汤菜，原料与汤汁的比例可降至1∶5。但原料与汤汁比例也不宜过少，否则会影响菜肴的质量。

特点：

汤汁澄清，口味鲜醇，一般用于高档菜肴或宴会菜用汤。

豆芽奶汤

原料：

新鲜黄豆芽5000克。

操作过程：

将锅洗净烧热，放入豆芽炒至七成熟，加入开水加盖用旺火煮40分钟左右，至汤呈乳白色、汤浓味鲜时，滤去豆芽即成。制作时豆芽与开水的比例为1∶3，若与大火烧沸后改用小火煮，则成清汤。

特点：

汤浓白，味鲜醇，一般用于保持白色或白汤的素食菜肴。

香菇汤

原料：

香菇（包括花菇、平菇）。

操作过程：

将香菇用水浸泡涨发，原汤留用。然后将香菇取出，用剪刀将菌柄和菌盖剪割分开，菌盖用 70 度左右的热水浸泡 2 小时左右，再用手抓捏菌盖数次，捞出。待水中的泥沙沉淀，撇出香菇水，用纱布滤去杂质即可。制作时菌盖与汤的比例一般是 1∶3 左右，然后将以上两汤合一即可。

特点：

汤色浅褐，味鲜香。一般用于保持酱红色高档的素食菜肴。

口蘑汤

原料：

干口蘑。

操作过程：

将干口蘑洗干净，放入锅中加清水烧滚后，改用小火煮 30 分钟左右，待口蘑发透即可捞出。然后将汤舀出，沉淀泥沙后滤出清汤，再用纱布过滤即可，制作干口蘑与汤的比例一般是 1∶2 左右。

特点：

汤色灰暗，汤汁鲜醇，一般用于高级的烧菜或汤菜。

羊肉汤

原料：

生羊肉 20 千克、羊骨 60 千克、水 200 千克。

工艺流程：

生羊肉、羊骨冷藏去酸→清水浸泡→下入汤锅中→大火煮制→撇去浮沫。

操作过程：

1.选好材料，将羊肉和羊骨等，根据季节不同，用清水浸泡 2～6 小时。

2.大火把水煮沸，将浸泡后的羊骨、羊肉入锅，大火烧开。煮制 4～6 个小时，待汤汁浓白即可。

操作关键：
1.羊肉及羊骨一定要去酸和清水浸泡，泡去血水，否则汤汁不易浓白。
2.煮制过程中，一定要大火，并不断撇去浮沫。

汤汁特点：
原汁原味、汤汁浓白、鲜香扑鼻。

羊肉汤的煮制，主要是以羊骨为主，羊脊骨、大骨、羊头等均可，煮汤的过程中，羊肉也是不可少的，但羊肉煮熟之后主要供于菜肴。

鱼浓汤（奶汤鲫鱼）

1.原料：
主料：鲫鱼 500 克。
调料：姜片 7 克，葱段 5 克，盐 4 克，味精 1 克，料酒 8 克，清汤 2000 克。

2.初加工：
鲜鲫鱼宰杀洗净，在两面剞上一字花刀。

3.烹调：
在油锅中用猪油两面略煎，加入清汤、料酒、葱、姜大火烧开，待开锅撇去浮沫，调到中火煮约 20 分钟，再放调味料即成。

4.操作关键：
(1)鲫鱼油煎时，不要煎得过老；最好用猪油煎制；
(2)煮制时火力要大；
(3)不可提前放盐，食用前在加入调味品调味。

5.特点：
鲫鱼汤肥，鱼肉鲜嫩，汤汁奶白。

思 考 题

1.什么是制汤？制汤有什么特点和具体要求？
2.汤汁形成的原理是什么？
3.汤的分类有哪些？

第七章

勾芡工艺

第一节 勾芡的概念和作用

勾芡在做菜的过程中起到了非常重要的作用,能够在最后给一道菜起到点睛之笔的作用。勾芡手法的好坏主要是考验一个厨师的技巧,也对一道菜的口感以及色香味带来了影响。这就需要厨师有丰富的经验,是考验一个厨师对菜的了解程度和对火候的把控能力。厨师在学厨或者自己练习的过程中,勾芡一直都是一项衡量菜品好坏的重要标准,直接决定了一道菜的口感和卖相好坏。所以很多人都非常重视勾芡这一技术。

一、勾芡的概念

所谓勾芡,就是根据烹调方法及菜肴成品的特点要求,在主、辅料烹调成熟或接近成熟时,将调好的水淀粉(生粉)淋入锅内,使卤汁浓稠,增加卤汁对原料附着力,从而使菜肴汤汁的粉性和浓度增加,改善菜肴的色泽和味道的一种技法。是借助淀粉在遇热糊化的特征,具有吸水、黏附及光滑润洁的特点。

勾芡是否适当,对菜肴的质量影响很大,因此勾芡是烹调的基本功之一。勾芡多用于熘、滑、炒等烹调技法。这些烹调法的共同点是旺火速成,用这种方法烹调的菜肴,基本上不带汤。但由于烹调时加入某些调料和原料本身出水,使菜肴中汤汁增多,通过勾芡,使汁液浓稠并附于原料表面,从而达到菜肴光泽、滑润、柔嫩和鲜美的风味。

二、勾芡的作用

1.改变质感,增加光亮,保持了菜肴香脆、滑嫩的状态。

大部分熘菜的最大特点就是外香脆、内软嫩,如糖醋鱼等。这类菜肴为了保持外香脆,都要经油炸或油煎处理。对于这类菜肴,必须在调味汁中加入淀粉,先在锅内勾芡,使调味汁变浓变稠,成为卤汁,在较短的时间内,裹在原料上。调味汁经过勾芡以后,由于淀粉糊化变为浓稠,裹在原料表面上的芡汁就不易渗进,就保证了菜肴外香脆、内软嫩的风味特点。如果调味汁不经勾芡,就会直接渗透到原料表面,使已经炸得香脆的原料回软,破坏了外香脆、内软嫩的效果。

2.增加菜肴汤汁的黏性和浓度。

在烹调菜肴时,加入一些汤水或液体调品(如酱油、香醋、料酒等调味料),同时原料在受热后也有一些水分溢出,成为菜肴的汤汁。而这些汤汁因过于稀薄,不能附着在原料上，影响"入味"。勾芡以后，汤汁增加了黏性和浓度，使汤菜融合，鲜美入味。

3.使汤菜融合，主料突出。

对一些炖、烩、扒等烹调方法制作的菜肴，汤汁较多，原料本身的鲜味和各种调味料的滋味都要溶解在汤汁中，汤汁特别鲜美。使原料与汤汁不能融合在一起，只有勾芡后，由于淀粉糊化的作用，增加汤汁的浓度，使汤、菜融合在一起，不但增加了菜的滋味，还产生了柔润滑嫩的特殊风味。有些汤菜，汤水很大，主料往往沉在下面，上面是汤不见菜，特别是一些名菜，如烩乌鱼蛋等，若主料不浮在汤面，则影响了菜的风味质量。采用勾芡办法，适当提高汤的浓度，浮力增大，主料上浮，突出了主料的位置，而且汤汁也变得滑润可口。

4.使菜肴形状美观，色泽鲜明，晶莹光洁，丰富色彩。

由于淀粉受热变黏后，产生一种特有的透明光泽，能把菜肴的颜色和调味品的颜色更加鲜明地反映出来。因而勾过芡的菜比不勾芡的菜肴，色彩更鲜艳，光泽更明亮，显得洁爽美观，起到锦上添花的作用。

5.能对菜肴起到保温的作用。

由于芡汁加热后有黏性，裹住了原料的外表，减少了菜肴内部热量的散发，能较长时间保持菜肴的热量。特别是对一些需要热吃的菜肴（冷了就不好吃），不但起到保温作用，实际上也起到保质的作用。

6.汁菜附着、融合滋味。

菜肴在烹调中，原料溢出内部的水分，为了调味又必须加入液体调味品和水，这两种水分在较短的烹调时间内，不可能全部被吸收或蒸发，尤其是爆、熘、炒等旺火菜更难做到。勾芡以后，由于淀粉的糊化黏性作用，把原料溢出的水分和加进的液体调味品变成卤汁，又稠又黏，稍加颠翻，就均匀地裹在菜肴上，汤料混为一体，既达到汁少汁紧的要求，又解决了不入味的矛盾，两全齐美。

7.减少营养成分损失。

由于勾芡，还可使菜肴在烹调过程中溶解到汤汁里的维生素和其他营养物质黏附在糊化的芡汁上，减少了营养成分的损失。

勾芡虽然是改善菜肴的口味、色泽、形态的重要手段，但绝不是说，每一个菜肴非勾芡不可，应根据菜肴的特点、要求来决定勾芡的时机和是否需要勾芡，有些特殊菜肴待勾芡后再下主料。例如"酸辣汤""翡翠虾仁羹"。蛋液、虾仁待勾芡后下锅，以缩短加热时间，突出主料，增加菜肴的滑嫩。

勾芡是否适当，对菜肴的质量影响很大，因此勾芡是烹调的基本功之一。勾芡多用于熘、滑、炒等烹调技法。这些烹调法的共同点是旺火速成，用这种方法烹调的菜肴，基本上不带汤。但由于烹调时加入某些调料和原料本身出水，使菜肴中汤汁增多,通过勾芡,使汁液浓稠并附于原料表面,从而达到菜肴光泽、滑润、柔嫩和鲜美的风味。

三、芡汁的种类

勾芡一般用两种类型。一种是淀粉汁加调味品,俗称"兑汁",多用于火力旺、速度快的熘、爆等方法烹调的菜肴。另一种是单纯的淀粉汁,又叫"湿淀粉",多用于一般的炒菜。浇汁也是勾芡的一种,又称为薄芡、玻璃芡,多用于煨、烧、扒及汤菜。

(一)按浓稠度可分为

1.厚芡

经勾芡后卤汁较浓稠,能够裹住原料,装盘后不流动或流动缓慢。按浓度不同,可分为包芡和糊芡两种。

(1)包芡

也称为爆芡,芡汁数量少,稠度大,主要适用于爆炒一类的菜肴,成品芡汁黏稠,能够互相黏连,全部裹在原料上,盛入盘中堆成形体不易滑散,食用后盘内只见油不见芡汁。淀粉与水或汤汁之比一般为1∶5。如鱼香肉丝、炒腰花等都是用包芡,吃完菜后,盘底基本不留卤汁。

(2)糊芡

浓度与数量比包芡略稀薄而少。一般用于熘、滑、焖、烩方法烹制的菜肴。粉汁比包芡稀,用处是把菜肴的汤汁变成糊状,达到汤菜融合,口味滑柔,如糖醋排骨等。成品装盘后,芡汁2/3沾裹在原料上,1/3溢在原料边缘。淀粉与水或汤汁之比一般为1∶7。

2.薄芡

经勾芡后,芡汁较稀薄,按浓度不同,可分为熘芡和米汤芡两种。

(1)熘芡

也称为玻璃芡,芡汁数量较多,浓度较稀薄,能够流动,多运用于滑熘、软熘、扒等一类菜肴。一般用于大型或整体的菜肴,其作用是增加菜肴的滋味和光泽。一般是在菜肴装盘后,再将锅中卤汁加热勾芡,然后浇在菜肴上,一部分粘在菜上,一部分呈玻璃状态,食后盘内可剩余部分汁液。

成品装盘后,芡汁1/2或1/3沾裹在原料上,1/2或2/3流淌在菜肴周围。淀粉与水或汤汁之比一般为1∶10。

(2)米汤芡

也称为流芡,是芡汁中最稀薄的一种,浓度最低,似米汤的稀稠度,又称薄芡、奶汤芡。主要适用于某些汤菜的制作,目的是让汤水变的稍稠一些,以便突出原料，口味浓厚。淀粉与水或汤汁之比一般为1∶20。

(二)按是否加入调味品分两类

1.白汁芡

又叫跑马芡、流水芡。只用淀粉加入清水或鲜汤拌和而成，常是将汤汁、调料下好，再用淀粉来勾芡，主要作用是稠汁、保温、增加色泽，多用于烧、烩类菜肴，如白汁全鸡、三鲜鱼片、酸菜鱼汤等。

2.兑汁芡

用淀粉，调味品和鲜汤调和而成。操作时，用一个碗把各种调味品和鲜汤、淀粉放在一起调成芡汁，然后下锅加热，使其裹匀在原料上，起到浓味、增鲜、增加色泽的作用，习惯上又叫兑滋汁、兑味，多用于炒、爆、熘等烹制方法的菜肴，如鱼香肉丝、白油肝片、鲜熘鱼片、火爆肚头等。

(三)按芡汁的色泽可分为红芡和白芡两种

1.红芡

加有色调味品，如酱油、番茄酱等。勾芡后，菜肴呈现一定的颜色。

2.白芡

加无色调味品，如食盐、味精等。勾芡后，菜肴呈现本色。

四、勾芡后的明油

即在菜肴成熟时勾好芡以后，再淋入各种不同的调味油，使之融合于芡内或附着于芡上，对菜肴起增香、提鲜、上色、发亮作用。使用时两者要结合好，要根据菜肴的口味和色泽要求，淋入不同颜色的食用油，如鸡油(黄色)、辣椒油(红色)、番茄油、香油、花椒油等。

淋油时要注意，一定要在芡熟后淋入，才能使芡亮油明。一次加油不能过多过急，否则会出现泌油现象。由于烹调方法不同，加油的方法也不同。一般熘、炒菜肴，多在成熟后边颠勺边淋入明油。干烧菜，菜是在出勺后，将勺内余汁调入油泻开，浇淋于菜肴上面。明油加入芡汁后，搅动颠翻不可太快，避免油芡分离。

五、勾芡的注意事项

勾芡作为做菜的终末环节，往往决定菜肴的成败，一旦勾芡失败，也便前功尽弃了，所以尽管看起来简单，也不能够不重视，很多小细节必须注意到，接下来就勾芡的注意事项简单列举一下。

一是掌握好勾芡时间。一般应在菜肴九成熟时进行，过早勾芡会使卤汁发焦，过迟勾芡易使菜受热时间长，失去脆、嫩的口味。

勾芡之前必须保证菜基本熟透或者达到想要的程度,因为在勾芡之后不易再炒太久,否则吃起来就会有苦感,大大影响了菜的口感。不过不同种类的芡所需要加热的时间不同,一般来说小麦淀粉需要的时间略长,大家可以通过颜色变化或者亲自品尝来判断。

勾芡时对每个阶段时间的正确掌握是很难的,这正看出了厨师对技术手法的熟知程度和基本功的扎实情况。

二是勾芡的菜肴用油不能太多,否则卤汁不易粘在原料上,不能达到增鲜、美形的目的。

三是菜肴汤汁要适当,汤汁过多或过少,会造成芡汁的过稀或过稠,从而影响菜肴的质量;芡和水的比例及用量要恰当。

四是用单纯粉汁勾芡时,必须先将菜肴的口味、色泽调好,然后再淋入湿淀粉勾芡,才能保证菜肴的味美色艳。芡有很多种类,特性也不同,因此用处也不尽相同。

五是注意火候。火候小了芡汁不够黏稠,影响菜品的质量没法食用,火候大了又会变煳变焦,加上芡本身的吸水性和遇热糊化的特性,很容易发生炒煳的现象。

六、勾芡的操作要领

1.准确把握勾芡及成熟的时机。

勾芡应在菜肴成熟、出锅前进行勾芡,勾芡过早,容易使芡汁糊化黏稠。

2.严格控制菜肴汤汁数量。

要区别不同菜肴的汤汁的多少,要根据菜肴的要求和汤汁的多少,掌握好勾芡的黏稠度,如烧烩菜和爆炒菜,勾芡对汤汁的要求就不一样。

3.必须先将菜肴调准口味和颜色。

菜肴勾芡前,要调制好菜肴的口味和颜色,勾芡后不宜再进行调味和上色。

4.恰当掌握菜肴的油量。

菜肴的油量过多,原料的表面布满油,不容易使芡汁包裹在原料上。

5.准确调制粉汁的浓度。

芡汁的多少和芡汁的浓度有关,芡汁的浓度高,勾芡时少用芡汁,浓度低,可以多用点芡汁。

6.灵活运用勾芡技术。

勾芡要视菜肴的标准,灵活勾芡。勾芡结束后,要明油,即常说的"明油亮芡",要灵活掌握对明油的使用,油含量多的菜肴可不加或少加明油,油含量少的菜肴可多加明油,补充不足。走油类菜肴,明油可少加,烧、扣类芡汁较多,可多加明油。

7.要熟悉不同淀粉种类的性质。

由于淀粉的种类不同,其性质特点也不一样,有的淀粉黏稠度比较高,有的淀粉色泽较暗,因此要掌握好各种淀粉的性质,在烹饪中灵活运用。

淀粉吸湿性强,还有吸收异味的特点,因此应注意保管,应防潮、防霉、防异味。一般以室温15℃和湿度低于70%的条件下为宜。

勾芡要选择淀粉作为主要原料。淀粉品种主要有:绿豆粉、土豆粉、玉米粉和山芋粉等。

根据菜肴的不同,选择不同性质的原料和调料,按比例调和倒入锅中高温搅拌,最后用不同的方法或淋或拌或浇到菜上,就能够做出不同口感的菜来了。

淀粉之所以能够作为勾芡的主要原料,是因为它在温度达到一定程度的时候能够在水里发生变化,一般变黏变稠,这就叫作淀粉的糊化作用。

水主要是起到了中和的作用,为了避免煳锅,增加原料中的水分,调和糊、浆、粉汁之间的黏稠度。

调料则是根据菜肴的不同选择不同的适合的调味品,放多放少全凭做菜人自己把握。喜欢重口味和淡口味的人也不一样。

勾芡是做菜当中的一个重要环节。认识到勾芡在烹饪中的重要性,同时也及其考验厨师的能力。但还是要充分认识到什么时候应该勾芡,什么时候不应该勾芡。应该勾芡的时候可以给菜锦上添花,不应该勾芡的时候勾芡了反而会适得其反。所以说要进行合理的勾芡。

勾芡只是烹饪过程中的一个环节,还需要和其他步骤一起配合才能够做出一道完整的菜。做菜的人也需要通过对勾芡的掌握和对其他做菜步骤的练习中不断进步,从而做出色香味俱全的菜来。

想要勾好芡还是需要一定技术的,仅仅凭借经验还是远远不够的,还需要掌握一定的技巧,对勾芡有整体的了解。

七、勾芡的用料

勾芡的用料主要是淀粉(生粉)和水,使用前需将淀粉(生粉)用冷水浸泡透,然后再调制使用。

淀粉在一定温度的水中先膨胀,然后淀粉粒内部各层初步分离,接着破裂,出现胶黏现象;最后成为具有黏性的半透明凝胶或胶体溶液,这就是糊化。淀粉的种类不同,糊化的温度不同,常用的有以下几种:

绿豆淀粉

这是淀粉中质量最好的,它黏性足,颜色洁白,微带青绿色,有光泽。但吸水性较差,因此要掌握好用量,并需在使用前将其浸在水中泡透,还要经常换水,否则容易变质。用绿豆淀粉勾芡可使菜中的卤汁非常均匀,无沉淀物又不吃油。冷却后水不易从浓稠的卤汁中分离出来,效果极好。

土豆淀粉

这是淀粉中质量较好的,其质量与绿豆淀粉差不多,并具有光泽鲜明、质地细腻的特点,放在手中搓揉会发出吱吱的响声。这种淀粉是我国北方菜肴烹调中较常用的淀粉。

玉米淀粉

这种淀粉糊化后黏性足,吸水性比土豆淀粉强,有光泽,脱水后脆硬度强于其他淀粉。

小麦淀粉

这种淀粉黏性和光泽均较差,使用时用量必须比土豆淀粉多一些,否则勾芡后易沉淀。

蚕豆淀粉

黏性足,吸水性较差,色洁白、光亮、质地细腻,它是我国南方较为普遍使用的勾芡原料。

山芋淀粉

黏性差,吸水性较强,无光泽,色暗红带黑,质量最差,勾芡后易沉淀,使用时,量必须多一些。

此外荸荠淀粉、米粉、菱角粉等也可作为勾芡的原料,但使用极少。

尽管当前各种菜肴不断地优化完善,但是其中存在的各种问题也是不容忽视的,在烹饪的过程中勾芡是确保菜肴质量的重要手段和方式,但是其在应用的过程中存在各种不足现象的综合分析。针对勾芡过程中的各个要点都要严格控制,若将不适用勾芡的菜肴勾芡,其在应用的过程中将容易出现适得其反的效果,因此在菜肴的勾芡过程中要合理地控制各个勾芡环节,确保菜肴营养和外形搭配能够满足人们的食欲需求。

小贴士:自来芡

所谓自来芡,即自然收汁,就是原料焖烧后不勾芡,而是收稠卤汁,使之浓黏似胶,包住原料,起到了勾芡的作用。自来芡的菜肴一般选用富含胶原蛋白的原料,以水为主要导热体,通过小火长时间加热焖烧,胶原蛋白变成明胶,使原料纤维逐渐松散，溶解于卤汁中明胶、油、糖三者相互作用，形成独具风味的成品酥烂、汤汁浓稠的自来芡烧。一些淀粉含量大的原料，在烹制的过程中，由于原料淀粉溢于汤中，使淀粉糊化，也会产生自来芡，如土豆炖牛肉等。

第七章 勾芡工艺

第二节 勾芡的方法

一、勾芡的方法

1.淋

淋一般使用白汁芡，白汁芡是用淀粉加入清水或鲜汤拌和而成，通常是将汤汁、调料下好，然后再用淀粉来勾芡；如大米汤，它可以使汤汁变得稍微浓厚，主要作用是稠汁、保温、增加色泽等。

一般使用白汁芡，原料炒断生后，将芡汁缓缓淋入锅内，同时持锅摇晃，使原料与汤汁更好地调和，收汁浓味，多用于煲汤、做卤、烧、烩类菜肴，如烧制家常海参、烩制鸡皮鱼肚、煮糊状的酸辣蛋花汤。

2.浇

就是将已熟的原料先盛入盘内，再把做好的芡汁均匀地浇到菜上，能够保证菜的外表酥脆爽口，菜的里面香滑肉嫩，增加菜肴的口味和色泽，不破坏菜本身的口感，还保持住了它的营养成分。多用于软熘、浇汁等一类菜肴。如蒸制的"白汁鱼肚卷"、烧制的"金钩吉庆"、炸熘的"糖醋脆皮鱼"等，都是用的最后浇上芡汁的方法。

3.拌

拌的方式有两种：一是在原料断生时将兑好的芡汁倒入锅内，快速拌炒，使芡汁裹附在原料上，如爆凤尾腰花、炒宫保鸡丁、鲜熘鱼片。二是把炸好的原料捞出，锅内留少量油底，下入兑好的芡汁，倒入锅内推匀，待汁收浓起泡时，再下入炸好的原料拌炒，使芡汁均匀地裹附在原料上，如炸制鱼香脆皮鹌鹑蛋。

(1)碗内兑汁翻拌法

将菜肴所需调料(黄酒、醋等除外)、汤汁、湿淀粉兑成调味汁，倒入加热成熟或接近成熟的原料内，然后快速颠翻锅或拌炒，使芡汁成熟、均匀地裹在原料上装盘。

适用范围：适宜于爆等烹调方法制作的一类菜肴，多用于急火速成、需要勾厚芡的菜肴。

作用：使芡汁全部包裹在原料上。

(2)锅内勾芡搅拌法

将原料烹调成熟或接近成熟时，将调好的湿淀粉直接淋入锅中，颠翻、搅拌，使芡菜融合装盘。

适用范围:多用于滑熘、炸熘、扒、红烧、烩等烹调方法制作的菜肴。

作用:使汤汁浓稠,促进汤菜融合。

4.裹

这种芡比较浓稠,为的是可以让芡充分包裹住原料,使里面的原料受到保护,使汤汁中的调味剂和菜品融合得更加充分,不至于吃起来感觉"不入味",如炸鸡腿、炸茄盒等,吃完后盘底几乎看不到汤汁,所渗出的汁都又浸入原料,因此使食物的营养得以更多地保留。

二、勾芡应掌握的技巧

1.搅拌均匀

要使淀粉颗粒在水中充分溶解,不能夹有粉粒疙瘩,否则,影响勾芡的效果。

2.稀稠适度

如果芡汁太稠,下锅后会出现粉疙瘩;太稀了又会使菜肴的汁液变多,不符合成菜的要求。

3.勾芡时机

芡汁早了容易煳锅变味,芡汁下迟了又会使原料过火而不脆嫩。因此勾芡的最佳时间,应在主料断生,汤汁沸起之时。

4.汤汁的量

一般以汤汁相当于主料的1/3时勾芡为好,如果汤汁多了,应在旺火上略收一下再勾芡;而汤汁少时,可以沿锅边淋入一些汤汁后再勾芡。

5.口味确定后再勾芡

在使用没有味道的芡时,如不事先调好口味,等勾芡后再加调味品是很难入味的,因为芡粉变黏变稠,会阻挡了调味品融入菜汁内,使菜肴的口味无法再进行调整。

6.勾芡时火力要足

如果汤汁未烧开或火力过小,很容易使芡汁成熟不均匀。而芡汁不能完全成熟的最大弊病,就是淀粉腻味突出,严重影响菜肴本身的美味。

7.底油的量

勾芡时锅内的油要适量,油多了芡汁不易挂在原料上,应滗去一点;油少了芡汁不明亮,可在勾芡之后上菜之前浇上少许明油。

尽管勾芡是改善菜肴口味、色泽、形态的一个重要手段,但并不是每一个菜肴都要勾芡,若将不适于勾芡的菜肴勾上芡,其效果则适得其反。应根据菜肴的特点、要求来决定勾芡的时机和是否需要勾芡。

如清蒸类菜肴不宜勾芡;炒制清爽脆嫩的时令鲜蔬不宜勾芡;一些富含脂肪蛋白的原料,用烧、扒、焖等方法成菜时不宜勾芡;清汤或奶汤的菜肴也不宜勾芡,否则有损菜肴的风味特色。

而有些特殊菜肴,要待勾芡后才能下主料,例如"酸辣汤""翡翠虾仁羹"等。

第三节 勾芡范例

鱼香肉丝（兑汁芡）

1.原料：

主料：瘦肉 250 克。

配料：冬笋 50 克。

调料：泡椒末 30 克、葱 10 克、姜 10 克、蒜 10 克、精盐 1 克、白糖 5 克、味精 5 克、醋 5 克、酱油 2 克、料酒 10 克。

辅助料：色拉油 50 克、淀粉 10 克。

2.初加工：

瘦肉洗净；冬笋洗净。

3.切配：

瘦肉切丝；笋切丝；泡椒剁碎；葱姜切末；蒜剁蓉。

4.烹调：

(1)肉丝盛入碗内上浆。

(2)精盐、白糖、醋、酱油、味精、料酒、葱花、湿淀粉调和成芡汁。

(3)炒锅上旺火，下油烧至六成热，下肉丝炒散，加姜、蒜和剁碎的泡椒炒出香味，再加入冬笋炒几下，然后烹入芡汁，颠翻几下即成。

5.菜品特点：

肉嫩菜鲜，汤红油亮，酸甜略咸。

豆腐羹（玻璃芡）

材料：

主料：北豆腐 200 克。

调料：植物油 15 克、料酒 10 克、香油 3 克、玉米淀粉 3 克、盐 3 克、味精 2 克、大葱 5 克、姜 2 克。

做法：

1.将豆腐捣碎备用；

2.葱姜切末；

3.淀粉放碗内加水调成湿淀粉；

4.炒锅注油烧热，下入葱姜末炝锅，放入豆腐翻炒，加料酒、水、精盐；

5.将豆腐搅成羹状,用水淀粉勾薄芡,淋香油,撒入味精即可。

1.什么是勾芡?勾芡有什么特点和具体要求?
2.芡汁的分类有哪些?

第八章

挂糊工艺

第一节　挂糊的概念和作用

一、挂糊的概念

挂糊是我国烹调中常用的一种技法，行业习惯称"着衣"，即在经过刀工处理的原料表面挂上一层衣一样的粉糊。由于原料在油炸时温度比较高，即粉糊受热后会立即凝成一层保护层，使原料不直接和高温的油接触。这样就可以保持原料内的水分和鲜味，营养成分也会因受保护而不致流失，制作的菜肴就能达到松、嫩、香、脆的目的，增加菜肴形与色的美观，增加营养价值。

二、挂糊的作用

1.保持原料的原汁原味，并使菜肴外部香脆、内部鲜嫩。

经加工成为片、丝、丁、条、块状等原料，如果直接放入热油锅内，原料会因骤然受高温迅速失去很多水分而质地变老、鲜味减少。经挂糊处理后的原料，即使在旺火热油中，原料不再直接接触高温，热油也不易浸入它的内部，原料内部的水分和鲜味不易外溢，这样不仅能保持原料鲜嫩，同时，不同的配料及不同的油温，使过油后的原料香脆酥松，或柔嫩滑润。

2.使原料形态饱满。

各种加工成形的原料，在加热中，很容易出现散碎、断裂、卷缩、干瘪等现象。经过挂糊处理后，可避免这些现象的产生，保持了原料原来的形态，而且更加美观，形态完整饱满，色泽美观。

3.保持和增加菜肴的营养成分。

原料在加热过程中，无论是动物性原料还是植物性原料，如直接受热变为间接受热，原料中的营养成分不致受到过多的损失，不仅如此，糊浆本身就是由营养丰富的淀粉、蛋白质等组成，从而增加菜肴的营养价值。

三、糊的原料和种类

挂糊的主要原料：鸡蛋（蛋清、蛋黄或全蛋）、淀粉、面粉、米粉、小苏打、发酵粉、面包粉、核桃粉、瓜子仁粉及芝麻等。这些原料的结构及性质不同，所起的作用也不一样，如蛋清、小苏打的主要作用是使原料滑嫩；蛋黄、发酵粉的主要作用是使原料松软；淀粉、面包粉、米粉等主要作用是使原料香脆。当然需经过恰当的烹调手段，才能产生上述效果。

挂糊的种类很多，比较常用的有以下几种。

1.蛋清糊

也叫蛋白糊，用鸡蛋清和水淀粉调制而成。也有用鸡蛋和面粉、水调制的。还可加入适量的发酵粉助发。制作时蛋清不打发，只要均匀地搅拌在面粉、淀粉中即可，一般比例是1个蛋清用2钱淀粉，以糊均匀挂附在原料上不下流为好，一般适用于软炸，如软炸鱼条、软炸口蘑等。

2.蛋泡糊

也叫高丽糊或雪衣糊。将鸡蛋清用筷子顺一个方向搅打，打至起泡，筷子在蛋清中直立不倒为止。然后加入干淀粉拌和成糊。一般比例是1个蛋清加3钱淀粉。用它挂糊制作的菜肴，经炸制后白如霜雪，外观形态饱满而松软，口感外松里嫩。一般用于特殊的松炸，如高丽明虾、银鼠鱼条等。也可用于禽类和水果类，如高丽鸡腿、炸羊尾、夹沙香蕉等。制作蛋泡糊，除打发技术外，还要注意加淀粉，否则糊易出水，菜难制成。

3.蛋黄糊

用鸡蛋黄加面粉或淀粉、水拌制而成。制作的菜色泽金黄，一般适用于酥炸、炸熘等烹调方法。酥炸后食品外酥里鲜，食用时蘸调味品即可。

4.全蛋糊

用整只鸡蛋与面粉或淀粉、水拌制而成。它制作简单，适用于拔丝等菜肴的炸制，成品金黄色，外松里嫩。

蛋浆糊主要用于某些质量要求特殊的菜肴制作，其特点是：具有质地脆的口感，在入口食用时还有酥的口感。蛋浆糊可使菜肴同时吃出酥与脆两种口感，而水粉糊是做不到的。

蛋浆糊又有蛋清糊和全蛋糊之分。蛋清糊是指只取蛋清（蛋白）和玉米粉同调成糊，而全蛋糊则是蛋清蛋黄一并使用。蛋浆糊有酥的口感，主要原因是蛋黄在起膨化作用，而蛋清的这种作用要小多了。用全蛋糊炸制的菜肴酥的口感是很明显的，一般多用于软炸类菜肴的制作，或单独食用，或蘸汁而食，一般不宜浇汁。因为酥的口感如果与液体状的味汁相融在一起，口感极易变软，好像有烂的感觉。

5.拍粉拖蛋糊

原料在挂糊前先拍上一层干淀粉或干面粉，然后再挂上一层糊。这是为了解决有些原料含水量或含油脂较多不易挂糊而采取的方法，如软炸栗子、拔丝苹果、锅贴鱼片等。这样可以使原料挂糊均匀饱满，吃口香嫩。

6.拖蛋糊拍面包粉

先让原料均匀地挂上全蛋糊，然后在挂糊的表面上拍上一层面包粉或芝麻、杏仁、松子仁、瓜子仁、花生仁、核桃仁等,如炸猪排、芝麻鱼排等,炸制出的菜肴特别香脆。

7.水粉糊

就是用淀粉与水拌制而成的,制作简单方便,应用广,一般比例是淀粉1两,水2两,糊的稀稠以能挂上原料为宜。多用于干炸、焦熘、抓炒等烹调方法。挂这种糊经过油炸制成的菜肴,色泽金黄、外脆硬、内鲜嫩,酥脆而香,如焦熘肉片、干炸里脊、抓炒鱼块等。

8.发粉糊

俗称酥糊,先在面粉和淀粉中加入适量的发酵粉拌匀(面粉与淀粉比例为7∶3),然后再加水调制。夏天用冷水,冬天用温水,再用筷子搅到有一个个大小均匀的小泡时为止。使用前在糊中滴几滴酒,以增加光滑度。适用于炸制拔丝菜,因菜里含水量高,用发粉糊炸后糊壳比较硬,不会导致水分外溢影响菜肴质量,外表饱满丰润光滑,色金黄,外脆里嫩。适用菜肴如酥炸鲜蘑、炸茄夹等。

9.脆糊

也叫酥炸糊。在发糊内加入17%的猪油或色拉油拌制而成,一般比例是面粉2两、猪油1两、水1.5两、盐少许轻轻搅拌,待面糊起酥后才可使用,一般适用于酥炸、干炸的菜肴。制菜后具有酥脆、酥香、涨发饱满的特点。

第二节 挂糊的方法

一、挂糊的具体方法

挂糊的种类很多，比较常用的有以下几种。

(一)脆皮糊

1.调制方法：

(1)先将泡打粉9克、酵母3克混合均匀，然后放入普通面粉95克，精制生粉、马蹄粉各35克(三种粉要提前用筛子筛过)，搅匀。

(2)再放清水105克(一般分两次加入，如果调制的量大，需要分三次加入)、鸡蛋1个充分搅拌，最后放色拉油15克，顺一个方向用力搅匀，当调好的糊呈现透明的炼奶状时，用保鲜膜封口，放在常温下静置10分钟以上。

2.特性：

菜肴外形饱满，口感比其他的糊要更加松脆。

3.应用：

应用最广，常用来制作酥炸、干炸或者脆炸的菜肴，比如脆炸明虾、酥炸肉片等。

(二)蛋清糊

1.调制方法：

鸡蛋清50克抽打均匀，加入湿淀粉50克、清水30克、色拉油5克调匀。

2.特性：

菜肴色泽白中带浅黄，外形松脆。

3.应用：

软炸菜肴，比如软炸大虾、软炸银鱼等。

(三)蛋泡糊(雪丽糊、高丽糊)

1.调制方法：

(1)将5个鸡蛋的蛋清放入不锈钢容器内，用打蛋器或竹筷朝着一个方向搅打(搅打时要用力，先快后慢，不能乱打，3～5分钟就可以打成蛋泡)。

(2)将筷子放在蛋泡里一插，筷子能够直立时说明蛋泡已经成功，再加干淀粉20克、面粉10克搅匀。

2.特性：

与蛋清糊的不同在于，鸡蛋清要提前打发，然后加入其他原料调制。所以与蛋清糊相比，它的颜色更加洁白，质地松而嫩，做好的菜肴也比用蛋清糊包裹的原料更加饱满。

3.应用：

成品要求色泽雪白的松炸菜，比如夹沙豆沙、夹沙香蕉、高丽明虾等。

4.操作要领：

（1）打蛋清的容器要使用汤盆，便于筷子在盆内搅打，容易使蛋糊打发，形成发蛋糊；容器一定要干净，无积水，无油污。

（2）一定要用新鲜鸡蛋，打蛋时只用蛋白，蛋黄蛋白要分清，蛋黄已碎的不能用，不能有一点蛋黄掺在蛋白里。

（3）打蛋的方法，一只汤盆内可打五只鸡蛋的蛋白，用两双竹筷握在一起搅打。打时要用力，先快后慢，顺着一个方向搅打，不能乱打。一手拿盆，一手拿筷，站立操作，3～5分钟就可以打成蛋糊，打到发蛋已经形成，用筷子在发蛋糊里一插，筷子能够直立时，说明发蛋糊已经成功。

（4）糊打成以后，可以根据不同的菜肴加工要求，加入不同的调料和辅料。如炸羊尾可以在糊里加入一点干酵粉；又如鸡茸蛋可以加入鸡脯末和肥膘末。加入调料和辅料时，不是将糊倒进辅料，而是将调料和辅料加入糊里，边加入边搅拌。

（5）配制好的发蛋糊不宜久留，要及时加热成熟。常用的成熟方法有熘、蒸两种。熘时油温不能超过三成，火候要用文火。油温过高时，要及时加入冷油或端离火口。笼蒸成熟方法不易掌握，时间过短，又会外熟内生，蒸汽过足，又可能蒸穿。可以用开水先来一下，初步成形后再用工具造型，然后上笼蒸熟。

(四)面粉糊

调制方法：

面粉（提前过筛）100克、盐3克、清水120克调匀，再加入色拉油10克调匀。

特性：

菜肴外皮偏硬，色泽金黄。

应用：

外形比较坚挺的炸菜。

(五)蛋黄糊

1.调制方法：

鸡蛋黄50克朝一个方向搅打均匀，加入面粉和淀粉的混合粉50克、清水30克、色拉油5克调匀即可。

2.特性：

色泽更金黄，口感相对比较脆硬。

3.应用：

如黄金三文鱼、黄金鸡排这样要求成品色泽金黄的炸菜。

(六)拍粉拖蛋糊

1.调制方法：

原料在挂糊前先拍上一层干淀粉或干面粉，然后再挂上一层糊。一般面粉20克、鸡蛋60克调匀即可。

2.特性：

菜肴外形饱满，口感香嫩。

3.应用：

有些原料含水量或含油脂的量比较多，不易挂糊而采取的方法。对应菜肴有拔丝苹果、锅贴鱼片等。

(七)全蛋糊

1.所用原料：

鸡蛋100克、面粉50克、淀粉125克、清水适量。

2.调制方法：

先将鸡蛋磕入小盆内，加入适量清水搅散，再加入面粉和淀粉调匀成糊即可。

3.注意：

调制时应先把水与蛋液调均匀，然后再加淀粉、面粉一起调匀，切忌搅拌上劲。一般面粉和淀粉的量是蛋液的3倍，水则根据需要加入，以控制糊的稀稠度。

4.特性：

外形酥脆，颜色金黄，但不如用蛋黄糊浸炸的菜肴黄亮。

5.适用范围：

一般的炸菜均可，多用来制作家常类的炸菜，比如炸茄盒、炸藕盒等。

(八)油酥糊

1.所用原料：

面粉75克，淀粉50克，鸡蛋黄20克，清水75毫升，花生油75毫升。

2.调制方法：

先将清水(冬季用温水)、鸡蛋黄搅匀后，加入花生油搅匀，再加入淀粉、面粉搅拌至起小泡时，静置15分钟(冬季30分钟)即可。

3.适用范围：

一般适于酥炸、干炸等类菜肴。

二、挂糊的技术关键

挂糊虽然是个简单的过程,但实际操作时并不简单,稍有差错,往往会造成"飞浆",影响菜肴的美观和口味。因此,挂糊时应注意以下几个问题:

1. 要把要挂糊的原料上的水分挤干

特别是经过冰冻的原料,挂糊时很容易渗出水分而导致脱浆,而且还要注意,液体的调料也要尽量少放,否则会使浆料上不牢。

2. 要注意调味品加入的次序

一般地说,挂糊的原料要先放入盐、味精和料酒,再将调料和原料一同使劲拌和,直至原料表面发黏,才可再放入其他调料。先放盐可以使咸味渗透到原料内部,同时使盐和原料中的蛋白质形成"水化层",可以最大限度地保持原料中的水分少受或几乎不受损失。

3. 灵活掌握各种糊的浓度

在挂糊时,应当根据原料性质、烹调的要求,以及原料是否经过冷冻等因素,决定糊的浓度。如较嫩的原料,糊应厚一些;较老的原料,糊应薄一些。

这是由于较嫩的原料,所含水分较多,吸水力弱,因此糊的浓度以稠一点为宜。而较老的原料,本身所含水分较少,吸水力强,因此糊的浓度以稀一点为宜。

比如冷冻的原料所含水分较多,糊的浓度可稠一些;未经冷冻的原料含水量少,糊的浓度则可以稀一些。

此外,如原料在挂糊后立即进行烹调的话,糊的浓度应稠一点,因为糊过稀,原料来不及吸收糊中的水分就下锅烹调,会容易引起脱落;如原料挂上糊后不立即烹调的话,糊的浓度就应稀一些,因为在待用期间,原料会吸去一部分水分,并蒸发掉一部分水分,这样浓度就正好了。

4. 掌握好各种糊的调制方法

调制糊时,必须掌握先慢后快,先轻后重的原则。

因为在开始搅拌时,糊的淀粉及调味品还没有完全溶解,水和粉尚未调和,浓度不够,黏性不足,所以应该搅拌得慢一些,轻一些,以防止糊溢出容器。

而经过一定时间的搅拌后,糊中的浓度渐渐增大,黏性逐渐加强,搅拌时就可以逐渐加快加重,以使其越搅越浓,越搅越黏。尤其是蛋泡糊,更要多搅、重搅,直到可以把筷子戳在糊内直立不倒为止。

搅出的糊必须均匀,糊中不能有小粉粒,因为糊内如果存有小粉粒,原料过油时小粉粒就会爆裂脱落,造成脱糊的现象。

5. 必须用糊把原料表面全部包裹起来

原料在挂糊时,要把糊全部包裹在原料的表面,不能留有空白点,否则原料在

烹调辅助手段

烹调时,油就会从没有糊的地方浸入原料,使这一部分质地变老,形状萎缩,色泽焦黄,从而影响菜肴的色香、味、形。

几种常用糊的对比

	原料配比	用途	代表菜肴	备注
水粉糊	淀粉:水=1:2.5	用于炸、熘	糖醋里脊	
蛋清糊	鸡蛋清:淀粉=1:1	用于软炸菜肴	软炸里脊	鸡蛋清1个,淀粉10克
全蛋糊	鸡蛋:淀粉=1:1	用于炸、熘	瓦块鱼	鸡蛋1个,淀粉20克
蛋黄糊	蛋黄:淀粉=1:1	熘、炸、煎、贴等烹调方法	桂花肉	蛋黄1个,淀粉10克
蛋泡糊	鸡蛋清:淀粉=2:1	熘、炸、煎、贴等烹调方法	拔丝葡萄	
干粉糊	干淀粉	用于炸、脆熘	松鼠桂鱼	
苏炸糊	面粉:发酵粉:水:猪油:精盐=50:1.5:75:17:1	用于炸制类菜肴	酥炸丸子	
面包糊	蛋液:面粉=5:1	用于炸制类菜肴	面包牛排	最后裹上面包屑

第三节　挂糊范例

糖醋里脊（水粉糊）

1. 原料：

主料：里脊肉 250 克。

调料：米醋 50 克、香葱 5 克、生姜 5 克、蒜 5 克、白糖 50 克、精盐 1 克、酱油 2 克。

辅助料：食用油 500 克（实耗 50 克）、淀粉 30 克。

2. 初加工：

肉洗净切片；葱、姜、蒜去皮洗净。

3. 切配：

淀粉调成水粉糊备用；葱、姜、蒜洗净切末。

4. 烹调：

锅内放油，烧至五成热，肉片挂糊下入，复炸 2～3 次，至焦脆，捞出沥油；锅内留底油，葱、姜、蒜炝锅，加水、白糖、酱油、盐、醋，待汤汁黏稠，倒入炸好的里脊，略为翻炒、淋明油，出锅装盘即可。

5. 操作关键：

(1) 全蛋糊比例掌握好；

(2) 里脊要复炸，才能显出外酥里嫩的特点；

(3) 熬糖醋汁要加适量盐，才能显出糖醋的特点。

6. 菜品特点：

甜酸可口，外焦里嫩。

软炸口蘑（蛋泡糊）

1. 原料：

主料：鲜口蘑 20 个。

调料：色拉油 750 克（约耗 100 克）、鸡蛋清 2 个、干淀粉 10 克、盐 2 克、面粉 20 克、白醋 2 克、白糖 5 克、香油 15 克。

2. 初加工：

(1) 口蘑用盐水洗净（也可将口蘑洗净，放入盐沸水中氽熟，这样既可以使口蘑入味，也可避免炸制时外熟内生的现象发生），捞出沥水；

(2)取一只碗,放入鸡蛋清,用竹筷搅打成蛋泡后,加入干淀粉、面粉、盐,调成蛋清糊。

3.烹调:

炒锅置于火上,放入油烧至四成热,逐个下入已裹匀蛋清糊的口蘑,炸至定形即捞出。全部炸完后,待油温升至六成热时,再入锅炝炸一下捞起,装入条盘的一端,另一端镶入生菜即可。

为了使蛋泡糊能均匀地裹在口蘑上,可以在每个口蘑上插上一根牙签,再放入蛋泡中,炸时只需用手提起牙签放入锅中。

4.操作关键:

(1)口蘑选用不宜太大,要大小均匀;最好洗净后用盐水煮一下,便于入味;

(2)蛋清要打发,调成糊要均匀;

(3)挂糊炸制时,动作要轻,要控制好油温。

5.菜品特点:

色泽洁白,鲜嫩软喧。

拔丝香蕉(全蛋糊)

1.原料:

主料:香蕉350克。

调料:绵白糖150克。

辅助料:色拉油1000克(实耗100克)、香油10克、淀粉150克、面粉50克、水40克。

2.初加工:

将香蕉去皮。

3.切配:

(1)将香蕉切成滚刀块,用面粉10克撒匀在香蕉的外表上备用;

(2)用淀粉150克、面粉40克、水40克调成水粉糊待用。

4.烹调:

(1)炒锅放色拉油1000克,烧至四成热,将香蕉块逐一挂糊入油锅,炸至表面结壳捞出,待油温升至六成热时进行复炸,香蕉块呈金黄色用漏勺捞出沥油;

(2)锅置于小火上,留余油10克,放入绵白糖,用手勺不停地搅拌,直至绵白糖完全溶化,呈米黄色的糖浆,微有黏性并起丝时倒入炸好的香蕉,用手勺轻轻向前推,翻锅,使糖浆均匀裹在香蕉上,出锅装在抹好香油的平盘中。

5.操作关键:

(1)香蕉块不宜切得过大或过小;

(2)炒糖时,火力不可过大,要勤观察锅内糖浆的变化;

(3)装盘时,盘底抹上一层香油,防止糖浆粘盘。

6.菜品特点:

外脆里嫩,香甜可口。

面包猪排(拖蛋糊蘸面包糠)

1.原料:

主料:猪里脊 300 克。

调料:精盐 2 克、花椒盐 5 克、白糖 2 克、黄酒 5 克、葱姜各 10 克。

辅助料:色拉油 1000 克(约耗 75 克)、面包屑 200 克、淀粉 150 克、鸡蛋 2 只。

2.初加工:

猪里脊洗干净;葱、姜分别去皮洗干净。

3.切配:

(1)葱、姜切丝;

(2)将猪里脊切成 12cm×8cm×0.5cm 的大片,用精盐 2 克、白糖 2 克、黄酒 5 克、葱 10 克、姜 10 克调料腌渍 10 分钟;

(3)用鸡蛋 2 只、干淀粉 150 克调成蛋液糊备用;

(4)将花椒盐 5 克装入味碟备用。

4.烹调:

(1)锅上火,加入色拉油 1000 克,加热约五成时,将猪里脊从蛋液糊中拖过,蘸上面包屑,用双手轻轻按压,入油锅内炸熟捞出。

(2)将油温继续加热约七成时,再入猪里脊复炸呈金黄色,捞出沥油。

5.操作关键:

(1)调制的糊液应适中;

(2)注意炸制的油温;

(3)蘸面包屑要均匀;

(4)用双手轻轻按压猪里脊,防止面包屑脱落。

6.菜品特点:

色泽金黄、外酥香、内鲜嫩。

思考题

1. 什么是挂糊？挂糊有哪些方法？
2. 挂糊有什么特点和具体要求？
3. 请写出各种糊调制的全过程。
4. 调制糊时你出现错误的地方在哪，如何纠正？通过这些糊你还会做哪些菜？

第九章

上浆工艺

第一节 上浆的概念和作用

一、上浆的概念

上浆就是将动物性原料在加热前用淀粉、蛋液等辅料拌和，加热后使原料表面形成浆膜的一种烹调辅助手段。以保留其水分使其滑嫩，多用于滑炒。简单地讲就是在原料的外部挂上一层浆液，也就是用鸡蛋、淀粉、水等原料，经过合理调制，使其形成一种浆液胶体，再经拌、挂、沾等手法处理在原料外部均匀地包裹一层浆液胶体，以便经过热处理（过油、汽蒸、水氽等）在原料的外部形成一层保护层，使制品滑嫩，色泽美观，达到保护或增加主料的外形、水分、色泽、营养等目的的一项操作保护措施。这项操作技术就好似给原料的外部穿上一件外衣，所以也有人将此技术叫"着衣加工""外部美化加工"等。

原料上浆是菜肴制作技术的一项重要基本功，应用广泛，为爆、熘、炒等烹调方法的前提工作，直接关系到整个菜品的外观与质量。

1. 原料的选择

适合上浆的原料，一般是动物性原料肌肉组织的横纹肌和部分脏肌，像猪肉、鸡肉、龙虾肉、牛蛙肉、腰子、肝等原料，刀工成形一般是丁、丝、片、条等形小的原料或小型鲜嫩的整料，像鸡丁、肉丝、虾仁、鲜贝等原料。由于上浆是制作比较讲究的菜肴，原料因尽量选择新鲜度高，不带异味的原料（畜禽类原料最好选择冷却肉或成熟时期的肉，此时肉质松软，有弹性，切面水分较多，有特殊的肉香味和鲜味，亲水性强，易上浆；水产品则易选择鲜活或僵直时期的原料，此时肉质鲜度高，滋润饱满），对于不新鲜的原料，特别是变质的原料要禁用。猪肉要选择里脊、通脊、黄瓜条肉、弹子肉等部位的肉质；牛肉最好选择外脊、牛柳等部位的肉质；羊肉则选择扁担肉；鸡肉宜选择鸡胸肉；鱼肉宜选择肉厚刺少的黑鱼、鳜鱼、草鱼等。由于这些原料肉质细嫩，纤维组织规格整齐，便于刀工成形，易上浆，达到成品要求。新鲜的虾仁、鲜贝等小型原料也是上浆的理想原料，在上浆前用干净毛巾吸去表面水分。

2. 刀工处理

刀工成形一般根据菜肴的要求切配，有骨、刺的应事先剔尽，成形后多为片、丁、丝、粒状（小型原料如虾仁等可直接用整料），且大小相当、长短一致、粗细均匀、厚薄相同、清爽利落，这样才能易于码味上浆，烹制时受热均匀、形态美、口感好。

3.漂洗码味

漂洗码味是去除原料异味，增强口感、色泽、营养、鲜美度的重要技法，码味前进行漂洗，可漂净动物原料中的血水，洗去部分杂质，码味时，轻轻挤净漂洗中的水分，添加适量调料即可。对异味重、肌肉纤维较粗糙的原料，除加入盐、味精等，还可加入适量的苏打粉、嫩肉粉等，改善口感。放入调料后用手拌匀，搅至原料表面起黏时加少许清水，再加以搅拌，如此反复数次，至原料"喝"足水为止（500克牛肉加水120克，500克猪肉加水100克，500克鱼肉加水50克）。

4.原料上浆的用料

"浆"的主要用料为：鸡蛋、淀粉、料酒、烹调油、清水等。

原料上浆按用料的不同分为：水粉浆、蛋白浆和全蛋浆。前两者比较常用，而全蛋浆多用于色泽较重的菜肴，如京酱肉丝等。用水粉浆时可在漂洗码味的基础上直接加入干淀粉，而蛋白浆和全蛋浆则应先加入蛋液抓匀后，再放上淀粉调匀。最后放入少许烹调油，防止滑油或滑水时互相黏连。上浆后应在常温下放1～2小时，这样能使浆液更好地吸附在原料表面，提高上浆质量。应注意的是原料如用油滑，淀粉应略少，用水滑，淀粉应略多一点；鸡蛋用鲜鸡蛋，蛋清才有附着力，淀粉可用玉米淀粉、绿豆淀粉、地瓜淀粉等。

滑炒在刀工后、烹调前，通常都应进行上浆。上浆的目的是防止原料在滑炒过程中失水退嫩，以保证菜肴软嫩鲜美。上浆要求细致，先用细盐、料酒腌渍一下，使其入味；再把蛋清调匀，放入腌渍的原料中调和均匀；最后加入淀粉，用手抓捏均匀，以粉浆将原料的表面全部包裹起来为准。

淀粉是上浆的主要原料。淀粉品种很多，在结构上有支链与直链之分，从来源上有绿豆淀粉、玉米淀粉、马铃薯淀粉和小麦淀粉等，淀粉的吸水性能对上浆是十分重要的。在对同等原料上浆时，对吸水性强的淀粉添加应小于吸水性弱的淀粉量。通常来说，以含支链淀粉量多的淀粉为好，如马铃薯粉与玉米粉。

由于淀粉颗粒内部紧密有秩序地排列，使得淀粉具有较强的抗水性而不溶解于凉水，其水溶液易发生沉淀，故上浆后的原料放置较长时间易脱浆。另外，蛋液的黏性使干淀粉不易均匀分散在蛋液中，因此上浆宜采用沉淀的水淀粉，这样上浆后原料表面的光滑度会得到加强。

上浆后经加热淀粉糊化成黏性很大的胶体，紧紧包裹在原料表面，避免了原料表面与高温油的直接接触，使原料内水分与呈味物质不易流失而显得饱满鲜嫩，并使原料在加热中不易破碎，从而又起到了保嫩、保鲜、保持形态、提高风味与营养的综合优化作用。

蛋液在上浆中既具有调解剂又具有黏结剂的作用，常用于对包、卷、贴、酿等类菜肴成形的黏结剂。蛋液中黏蛋白能增强浆液对原料表体的黏附性，蛋液对淀粉调解组成浆液对原料上浆,加热后蛋白凝结,尤其是卵蛋白的凝结,使菜肴滑嫩光亮,由于这种蛋白质大分子形成的固态传热性能差,因而起到了一定的保护作用。

二、上浆一般程序

腌拌→调浆→搅拌→静置→润滑。

将食盐添加于浆料之中,搅拌均匀至肌肉表体有黏稠感,目的是通过盐的电解作用,使肌动球蛋白的溶液度增大,原料表面蛋白质的静电荷增加提高水化作用,引起分子体积增大,黏液增多,达到吸水嫩化。在用盐腌拌致嫩前,有的原料还需漂色或致嫩等,机理如前所述。腌拌还可达到基本调味的目的。

用湿淀粉与蛋液(或水)调匀成蛋浆。常用蛋浆有以下种类:

1.蛋粉浆:

即蛋液与淀粉结合的浆液,又有全蛋浆与蛋清浆两种。全蛋浆即调浆时用蛋的全部形成的浆体,色泽淡黄,适用于对有色炒、熘菜肴的上浆。蛋清浆即调浆时只用蛋白部分形成的浆体,色泽洁白,适用于对特别细嫩的、白色菜肴的上浆;如清炒虾仁、熘鱼片等。在嫩度上面蛋清浆高于全蛋浆,适用性最广。

2.水粉浆:

仅用湿淀粉与少量清水结合的浆液,为一般性浆。色泽洁白,可通用。上浆质量次于以上两种,但对心肌、平滑肌类型原料,若需上浆则仅适用于这种浆液,如心、肝、肾、胃类型原料,这种浆,既没有蛋浆的密封性高,又具有一定的保护性。

3.苏打浆:

即在蛋清浆中添加适量苏打水和白糖,具有致嫩膨松的作用。多用于对牛肉丝、片的上浆,如蚝油牛肉丝。

一般来说,调浆用料没有固定标准(或尚没形成),因具体的菜肴要求和原料性质的不同而随机掌握。但在应用上应注意以下问题:

(1)需将蛋液搅打均匀。但不能成泡沫,否则会引起蛋白质的物理变性。从而使黏度下降而影响上浆质量。

(2)蛋浆应用要适量。太多会泻浆或黏度过大而不利于滑油分散,应根据具体情况增减用量。如表面光滑透亮、水化度高的原料。蛋清量较少;如由于蛋白质水解作用使原料表面光泽暗淡,则蛋液用量应相应增加。

(3)对一些结构粗而含水量少的原料,如牛肉、鸡脯,上浆应适量添加冷鸡汤,增强其嫩度和风味。

(4)淀粉用量应根据原料的不同性质和具体料形区别掌握。若用量多,则黏度大,易起团,不光滑;用量少,则黏性小,易脱落。

(5)盐量是影响上浆的重要因素。过少,原料表面肌球蛋白分子互相聚集形成

烹调辅助手段

杆状体，水化能力降低，表面黏液减少，嫩化程度降低，不利于上浆；用量过多，不但菜肴口味咸，而且由于原料中蛋白质分子量很大，其摩尔浓度很小，渗透压低，处于高渗状态，从而使原料中水分（包括其他小分子化合物）从原料内部反渗出来，大量脱水。蛋白质变性，水化能力降低，原料表面水化了的蛋白质发生沉淀而变得结实老木，并极易脱浆。

一般来说，块形大的原料其用浆量应小于料形较小者，而粉量应增加。丝、粒等料形用浆量应大于块、条、片，而用粉量则相应减少。关于对各类原料的上浆量问题，目前亟须运用实验的方法建立一个同类规范标准，以指导实践。

三、上浆原料的加热处理

1.滑油法

将上浆后的原料用低温油加热成熟的方法，主要为滑炒或滑熘技法。在滑油时，常会遇到三个问题：一是原料脱浆；二是原料成团；三是原料粘锅，原料脱浆或结成团块对滑油后的原料质量和成菜质量都会产生不良影响。导致脱浆或结成团的原因很多，其中油温的控制是关键。经测试：上浆滑油时的油量一般掌握在原料总量的2～3倍，原料下锅前的油温控制在130℃～140℃，下锅后可采取油锅离火或半离火的办法，以筷或勺抖散原料，数秒钟后，原料色泽变浅、舒展伸开，即可倒入漏勺出锅，这样做可确保原料滑油的质量要求。上浆后的鱼丝、鱼片、肉丝、虾仁等在加热前，可拌入少量的色拉油。以使原料在滑油时迅速分散，受热均匀，并能增强原料成熟后的光泽度和润滑性。造成原料粘锅现象的原因是油入锅前锅没有擦净水。为避免此类现象的发生，应先将锅洗净擦干，在火上烧热。用手勺加入一勺油荡匀锅壁、倒去油后再将锅烧热，将油倒入锅中加热，当油温升至140℃时，将锅离火使锅内壁与油同温后再下入原料滑油，该方法可有效防止原料的粘锅。

2.水滑法

由于滑油的温度与沸水温度相近，故亦可以水代油用水滑法，就是将上浆后的原料分散放入沸水锅内滑透，然后再进行烹调的一种方法。川菜"水煮牛肉"就是将牛肉片上浆后抖散下入调好味的水锅，用筷子轻轻拨散，待牛肉伸展熟透，汤汁浓稠后起锅舀在垫底的蔬菜上，撒上辣椒面、花椒面淋上沸油即成。水滑法有助于降低成菜的脂肪含量，用水滑法操作其温度较油滑法低（因水的沸点最高是100℃）可避免高温，减少营养素的损失，用水滑法烹制的菜肴口味清淡不腻，质地滑嫩、色泽洁白。另外，水滑法简便易行，节约油脂、降低成本。对患肥胖症、肝脏病而需要控制油脂的人来说，水滑法更是一种理想的烹调方法。

3.直接加热法

原料上浆后可直接入锅烹调的菜肴不多，仅限于四川烹饪中常用的炒法——"小炒"。其特点是只上浆、不滑油、旺火急炒，一锅成菜。如"宫保鸡丁""鱼香肉丝"等，直接入锅烹炒与滑油后再炒有什么不同呢？上浆的原料直接用旺火热锅快速翻炒，要求有娴熟的翻炒技术及控制火候的能力，成菜的风味浓郁，但控制不好易粘锅。以"鱼香肉丝"为例，上浆的肉丝直接用旺火热锅快速翻炒，炒散后下入泡辣椒细末、姜末、蒜粒，炒至香味出来，再下入葱花、木耳丝、笋丝炒匀上色，最后下入兑汁芡翻炒均匀起锅装盘，如采用上浆后滑油法烹制可使肉丝受热均匀。不易粘锅，肉丝受热时间短其嫩度要优于直接小炒，但成菜油量过大，其次葱、姜、蒜、辣椒的味道难以渗入成熟肉丝中，影响鱼香风味。

比较上述三种热处理方法，水滑法和直接加热法是既适合家庭又适合餐饮企业的烹饪方法，成菜含油量低，但加工菜肴的数量少，如"鱼香肉丝"直接入锅烹炒，只能烹制1～2份菜肴，数量大则会沾锅，影响菜肴质量。而采用滑油的方法则可加工多份菜肴，但滑油后需回炒还要淋明油，菜肴油脂含量高。

四、上浆的作用

1.缩短烹调时间

上浆后再加热的原料，其成熟时间会大大缩短。第一，原料上浆后，其表面形成一种由变性蛋白质和糊化淀粉组成的密封膜，密封膜可以阻止原料受热后产生的蒸汽外逸，使原料受热的温度提高；第二，密封膜还可以阻止原料受热后的水分外流，使传热介质原有温度不致下降过多，从而相对提高了原料的受热温度；第三，上浆为原料补充了大量的水分，原料成熟速度加快。

2.保持和增进原料营养素

上浆后的原料在烹制时所使用的油温和水温一般都很低，不会对原料中的营养素起破坏作用，因此，上浆后利用浆膜将原料密封起来，以阻止原料中的脂溶性和水溶性营养素向传热介质中扩散，使原料中的营养素能较多地保存下来。

3.保持和增进菜肴的形态，使菜肴饱满滑嫩

上浆时，浆中的水分子会穿过细胞膜向高渗压一方细胞质渗透，使细胞逐渐充水，加热后这种充水导致菜肴形成饱满的感观和软嫩的质地。水分进入细胞后，浆中的淀粉、蛋白质等分子较大的物质无法进入细胞而停留在原料的表面，受热后，在原料的表面形成一层由糊化的淀粉和变性的蛋白质组成的溶胶膜，这个膜与芡汁结合又形成滑爽的触感。

4.消去异味，改善原料质地和口感

上浆的主要目的是为原料补充水分，但上浆的同时还要加入精盐、味精、黄酒

烹调辅助手段

等调味品，以增加原料内部的味道。一般上浆的菜肴都是热锅温油速成操作，在时间上对原料的入味非常不利，上浆通过携带调味品对原料施行基本调味，可以较好地解决这一问题。

第二节　上浆的方法

一、上浆的具体方法

1. 蛋清浆

蛋清浆主要用料有蛋清、淀粉、精盐等调味品，制作方法有两种：一种方法是先将主料用调味品拌腌入味，然后加入蛋清、淀粉拌匀即可。另一种方法是用蛋清加湿淀粉调成浆，再把用调味品腌渍后的原料放入蛋清粉浆内拌匀，也可加入适量的油，便于原料滑散。以上两种方法，用料标准一般是原料 500 克、蛋清 50 克，淀粉 25 克。

作用：可使菜肴柔滑松嫩，色泽洁白，多用于爆、炒、熘类菜肴，如"炒虾仁""熘鱼片"等。

2. 全蛋浆

全蛋浆主要用料有全蛋（蛋清、蛋黄均用）、淀粉、精盐等调味品，制作方法与用料标准基本上同蛋清浆。

作用：可使菜肴滑嫩，微带黄色。多用于炒菜类及烹调后带色的菜肴，如"辣子肉丁""酱爆鸡丁"等。

3. 苏打浆

苏打浆主要用料有蛋清、淀粉、小苏打、精盐、水等调味品，制作方法是先将小苏打、精盐、水等调味品腌渍一下原料，然后加入蛋清、淀粉拌匀。浆好后，最好静置一段时间使用。用料标准一般是原料 500 克，蛋清 30 克，淀粉 30 克，小苏打 5 克，精盐 10 克，水适量。

作用：可使菜肴松、嫩，适用于质地较老、纤维较粗的牛、羊肉等原料，如"蚝油牛肉"等。

4. 粉浆

粉浆调制的主要用料是淀粉、清水，制作方法是先将原料用调料拌腌入味，再用水与淀粉调匀上浆，浆的稀稠度，以能裹住原料为宜。用料标准一般是干淀粉 50 克，加清水 100 克。

作用：可使菜肴滑嫩，多适用于含水量较多的烹饪原料（鱿鱼、腰子、猪肝等），如"爆炒鱿鱼卷""荔枝腰花"等菜肴。

二、上浆的步骤

原料上浆，一般分为以下几个步骤：

1.清洗

清洗的目的，是去除肉类血水和异味，但是原料不同或者菜品不同，原料的浸泡时间就有些差异。

2.加味

目的是帮助原料入底味。放入食盐后，用手抓肉会感到肉质开始发黏，这是因为盐有很强的渗压性和透湿性，使肉类的胶原蛋白质发生改变开始变性。

注：加盐的同时，可以放入其他调味料，比如胡椒粉、五香粉、花椒粉、酱油等。

3.加水润剂

水润剂有很多种，比如清水、料酒、花椒水、生姜汁、蔬菜水、蒜汁等。这些水性物质，可以使肉类吸收足够的水分，从而达到肉质鲜嫩的目的，同时还可以去除肉类的腥味，给肉增香。

原料不同，选择的水润剂也会有些差异，如果烹调的是海鲜类原料，一般要加葱姜水和广东米酒；如果是禽畜类，则要加清水；如果是大肠、腰花等腥臭味比较重的食材，则需要加入蒜水；牛肉和乳鸽适合加入蔬菜水；鱼片则适合加入生姜汁。不管选择什么水润剂，都要分两次加入。

4.加蛋液

鸡蛋液浆分为全蛋浆、蛋清浆、蛋黄浆，具体要用到哪一种浆，要根据肉的材料与做法来决定。

注：全蛋浆应用最为广泛，一般的禽畜肉类都适合用它来上浆；蛋清浆多用于做滑炒菜、色泽洁白的食材，如鱼片、虾仁、滑炒鸡丁等；蛋黄浆与全蛋浆基本类似，加入蛋黄浆可以使肉类呈现金黄的色泽，适用的菜品有香煎银鳕鱼、炸茄子。

5.加生粉

生粉具有碱性，肉类在碱性的环境里，可以使蛋白质的空间结构松弛，水分的保持力将增强，从而达到锁住肉类水分的目的。

注：(1)生粉的用量不要过多，只要用手抓一把肉捏挤的时候，没有汁水从指缝间流出就好。(2)生粉最好分次加入，每一次都要搅拌均匀，一般每500克食材加入生粉25克。

6.加食用油

加食用油也是为了更好地锁住水分。肉类被油脂包裹，形成一层保护膜，入油锅的时候可以防止肉的营养与水分流失，同时，也可以避免肉类入油锅的时候油花四溅。

三、上浆的注意事项及操作关键

1. 上浆时间

操作关键：为原料补充水分是利用渗透原理进行的。渗透是一种物理现象，其过程一般都很缓慢。因此，在烹调菜肴时为原料上浆都要提前进行。通常做法是在加热前15分钟左右为原料上浆，这时只用水或蛋液，在正式加热前再用水或蛋液补浆一次，然后再拌入淀粉。

2. 上浆动作

操作关键：菜肴中凡是需要上浆的原料均为细小质嫩的原料，而上浆的手法是用手来抓捏，因此，上浆时的动作一定要轻，要防止抓碎原料，尤其是鱼丝、鸡丝更要注意。上浆时一开始要慢，当浆已均匀分布于原料各部分时，动作再稍快一些，利用机械摩擦促进浆水的渗透。

3. 淀粉的用量

上浆为原料补水固然很重要，但淀粉的用量也是一个不可忽视的问题。如果淀粉的用量少于合适的标准，就很难在原料周围形成完整的防止水分等物质排出的浆膜；如果淀粉量多于合适的标准，又容易引起原料的黏连。合适的用量标准是原料加热后在浆的表面看不到肉纹。

4. 调味程度

上浆的同时要为原料进行基本调味，这时的调味一定要掌握好分寸，要给正式调味留余地，尤其是精盐，千万不可多用。

四、浆的成品标准

1. 质感软嫩

菜肴的软与嫩主要是由原料中所含水分决定的，上浆通过为原料补充水分来最大限度的提高菜肴的含水量。因此，通过加热后菜肴的质感，可以判别上浆时是否最大限度的为原料补充了水分。

2. 触感光滑

上浆菜肴触感光滑是由于浆中的淀粉和蛋白质形成的，其中主要是淀粉。淀粉糊化后黏度增加，一方面紧紧地沾在原料上，另一方面又将菜肴中的汤汁粘在原料上形成光滑的触感。

烹调辅助手段

原料配比（约等于）		用途	代表菜肴	备注
水粉浆	干淀粉∶水＝2∶1	用于炒、爆、熘（丝、丁、片、条状的动物性原料）	鱼香肉丝	
蛋清粉浆	蛋清∶淀粉＝1∶1	用于炒、爆、熘（小型原料的鸡鸭鱼等）	香熘鱼片	蛋清1个、湿淀粉15克
全蛋粉浆	鸡蛋∶淀粉＝1∶1	用于炒菜后色泽较深的菜肴	酱爆鸡丁	鸡蛋1个、湿淀粉20克
苏打浆	蛋清∶淀粉∶苏打∶水∶盐∶糖＝6∶6∶1∶30∶1∶1	用于质地较老的如牛、羊的炒、爆、熘中	蚝油牛肉	
脆浆	低筋面粉∶干生粉∶泡打粉∶色拉油∶清水＝50∶10∶2∶15∶60	主要是鲜嫩的动物性原料	脆皮鱼香海皇粒	

上浆挂糊的区别

	上浆	挂糊
浓度	使原料表面附上一层薄的胶质黏膜	在原料的表面沾上一层厚糊
原料	体形小的原料	体形大的原料
操作手法	调制完浆后，放入原料，用手抓捏	调制完糊后，用手将糊挂抹于原料上
烹饪用途	多用于炒、爆	多用于炸、熘、煎、贴
成菜特点	柔、滑、嫩	香、酥、脆
共同点	主要有淀粉、鸡蛋、面粉、苏打粉、水	原料通常先裹盐用手抓捏"上劲"，而后再上浆挂糊

第三节 上浆范例

实例示范(汆鱼片)

1.原料：

主料：净黑鱼肉 350 克。

配料：青菜 200 克。

调料：精盐 1 克、黄酒 5 克、豉油汁 50 克、葱 10 克、姜 10 克。

辅助料：湿淀粉 20 克、色拉油 25 克、蛋清 1 只。

2.初加工：

鱼肉洗净；青菜摘洗干净；葱、姜去皮洗净。

3.切配：

将黑鱼肉片大小厚薄一致的片，葱、姜切成细丝。

4.烹调：

(1)切好的鱼肉片用淀粉、精盐、黄酒、蛋清抓匀，上浆备用；油菜沸水焯水，围摆在盘子四周。

(2)鱼片沸水焯水，盛出盘中，浇入豉油汁，将葱丝、姜丝放在鱼片上；

(3)另起一锅，倒入油，烧烫，浇在葱姜丝上即可。

5.操作关键：

(1)鱼片大小厚薄要一致；

(2)汆鱼片一定要沸水下锅，鱼片焯水时间要注意，不可过老或不熟；

(3)鱼片上浆要均匀。

6.菜品特点：

鱼肉嫩鲜、滑爽，豉汁鲜香。

银芽里脊丝

1.原料：

主料：鲜里脊肉 250 克。

配料：绿豆芽 100 克。

调料：精盐 3 克、味精 2 克、黄酒 2 克、葱 5 克、姜 5 克。

辅助料：色拉油 500 克、湿淀粉 15 克、鸡蛋清 1 只、鲜汤 20 克。

2.初加工：

里脊肉洗净；豆芽掐去头须；葱、姜洗净。

3.切配：

(1)将里脊肉顺丝均匀切成 4cm×0.1cm×0.1cm 细丝；葱、姜切末。

(2)将里脊丝用鸡蛋清 1 只、精盐 0.5 克、湿淀粉 10 克上浆。

4.烹调：

锅上火，加入色拉油，滑锅后，烧至三成热放入里脊丝滑油，用筷子轻轻滑散后捞出沥油，锅内留少许油，放入葱、姜末略炒，下银芽，煸炒一下，放入滑过的里脊丝翻匀，依次加入黄酒 2 克、精盐 2.5 克、味精 2 克翻炒，淋油、装盘。

5.操作关键：

(1)里脊丝要切均匀，无连刀现象；

(2)上浆要均匀适度，滑油前可加少许油抓均匀，以免滑油时黏连；

(3)滑油时要掌握好油温，热锅温油；

(4)烹调要迅速，出锅要及时，汁芡要适当。

6.菜品特点：

色泽洁白，脆嫩爽口，营养丰富。

抓炒虾仁

1.原料：

主料：鲜虾仁 400 克。

调料：精盐 3 克、白糖 30 克、香醋 15 克、料酒 5 克、大葱 10 克、香油 5 克。

辅助料：花生油 750 克（约耗 75 克）、鸡蛋 1 个（用蛋清）、湿淀粉 50 克、鲜汤适量。

2.初加工：

将虾仁去肠线，在清水中洗净，加料酒和少许精盐，抓匀后微腌片刻。

3.切配：

(1)将微腌过的虾仁加入蛋清水粉糊拌均匀；

(2)同时取小碗一只，加入鲜汤、香醋、白糖、精盐、湿淀粉，调成芡汁；

(3)大葱切成葱花，姜切成姜末待用。

4.烹调：

(1)锅置火上，入花生油烧至五成热时，将虾仁逐个放入油勺内炸至表面稍硬时捞出，待油温升高后继续投入油勺炸第二遍，视虾仁被炸成浅黄色时，倒入漏勺沥去余油。

(2)锅内留少许底油，下入葱、姜煸出香味后捞去不要，再将兑好的芡汁倒入炒勺内,轻轻搅动至微稠时,用热油将汁子烹起,立即将虾仁放入,迅速颠翻几下,淋上香油出勺即成。

5.操作关键:

(1)虾仁上浆要厚;炸制时,虾仁外表要结壳。

(2)要事先兑好汁,炒制时速度要快。

6.菜品特点:

色泽亮黄,明油亮芡,质地香嫩,滋味醇美。

思 考 题

1.什么是上浆?上浆有哪些方法?

2.上浆有什么特点和具体要求?

3.请写出调制粉浆的全过程。

4.调制粉浆时你出现错误的地方在哪,如何纠正?通过调制粉浆你还会做哪些菜?

第十章

拍粉工艺

第一节　拍粉的概念和作用

一、拍粉的概念

拍粉又称"蘸粉"，就是在经过调味的原料表面黏附上一层干质粉粒，起保护和增香作用的一种方法。所谓的干质粉粒，包括面粉、干淀粉、面包糠、芝麻粉、椰蓉丝等原料。原料经拍粉后，可以使原料受热变形的程度变小。

二、拍粉的作用

1.使原料吸水定形，便于方便使用

原料经拍粉后，粉粒可以吸收原料表面的水分，经炸制后，使原料的形态稳定，保持原料固有的形态。

2.可以增加菜肴的风味

原料经拍粉炸制后，表面淀粉或面粉的糊化，能增加原料的香味，特别是一些香料粉粒，如芝麻、松子、面包糠等，从而增加菜肴的风味。

3.增加菜肴的色泽

一些原料经拍粉炸制后，会使原料表面呈金黄色，从而增加菜肴的色泽，引起人的食欲，使菜肴色泽美观。

4.保持菜肴的酥脆松香，外酥里嫩

原料经拍粉炸制后，能有效保持原料中的水分，从而使菜肴保持一定的嫩度，增加菜肴的口感。

5.保护原料的营养物质，不使水分流失

原料经拍粉炸制后，不仅能保持水分，还能有效保护原料中的营养物质不流失，保护原料的营养价值。

三、拍粉的粉料种类

拍粉的粉料种类较多，主要有：

1.淀粉类：如玉米淀粉、山芋淀粉、小麦淀粉、绿豆淀粉等；

2.香粉类：如芝麻粉、面包糠、椰蓉、糯米粉、蛋黄等；

3.干果类：如芝麻、花生碎、核桃碎、松子等；

4.丝状的特殊类：如椰蓉丝、蛋皮丝、炸制的土豆丝等。

第二节 拍粉的方法

一、拍粉的具体方法

1. 单纯拍粉

原料一般要经过精细的刀工处理，经过拍粉后可使剞切的刀纹分开不结团。抖去余粉，进行炸制或油煎，主要起定形和防止黏连作用。主要适合一些剞有花刀的一些原料，经拍粉后，能保持花刀的形状美观，如菊花鱼、松鼠桂鱼等。也叫直接拍粉，在原料表面直接拍一层干淀粉，不需要挂糊上浆，拍粉后直接炸制或油煎。

特点：干硬酥香、结实。

一般适用于炸、熘的烹调方法。

可使炸后的原料花纹清晰美观、外脆内嫩。

2. 拍粉拖蛋液

是先在原料表面沾上一层干粉，再拖上鸡蛋液，使粉和蛋液形成一层薄薄的保护膜。

适用于煎和塌等方法。

可使制品外层酥香，里面鲜嫩。

3. 拍粉拖蛋液再沾上面包渣、馒头丁、芝麻等香脆性原料

先拍粉，然后在蛋液中拖过，再拍上面包粉或果仁，适宜于高油温炸制，成品外酥里嫩，可以突出成品香脆的特殊风味。

4. 拍粉后挂糊

主要用于水分含量较多、表面光滑、不易挂糊的原料，为防止脱糊，拍粉后粉粒可以吸收原料表面的水分，容易挂糊，在原料与糊之间起中介作用。

5. 先上浆或挂糊后拍粉

主要是对一些含水量较少或需要蘸的粉粒比较大的原料，如上浆或挂糊后，蘸面包糠、椰蓉丝、芝麻等，若直接拍粉，这些原料不容易蘸在原料表面，必须借助于糊浆来达到目的。同时上浆挂糊可以增强菜肴的嫩度，保持菜肴的饱满程度。

二、拍粉注意事项

1.拍粉原料对油温的要求。

油温过低,粉料易脱落;油温过高,外焦内不熟。一般初炸油温控制在160℃左右,复炸温度在190℃左右,温度低会含油。

2.拍粉的原料要事先腌制。

拍粉的原料和挂糊上浆的原料一样,需要事先腌制入味,因为原料经拍粉加热成熟后,原料内部不容易进行调味。

3.原料拍粉的时间不宜过早。

若原料拍粉较早,放置一段时间后,原料的水分渗出,容易使原料发生黏连,同时使原料表面的粉粒吸水膨胀,炸制后表面不平整,影响菜肴的美观和质感。

4.拍粉后,要抖去多余的粉料。

防止原料过油时,过多的粉料掉入油中,影响油的质量。

第三节 拍粉范例

菊花鱼

1.原料：

主料：草鱼1条（约重1500克）。

调料：精盐2克、番茄酱100克、白糖200克、白醋50克。

辅助料：水淀粉50克、干淀粉200克、色拉油1000克（约耗50克）。

2.初加工：

将鱼净膛，去鳞、腮洗净，先剁下头、尾，再剔背骨、腹刺，带皮净肉。

3.切配：

(1)在鱼肉上抹刀至鱼皮，但不切断鱼皮，4～5片一断，然后顺筋切条至鱼皮不断。

(2)将切好的鱼肉撒少许盐抓黏，然后拍匀干淀粉，干淀粉一定要拍匀，抖去余粉。

4.烹调：

(1)炒锅上火，加色拉油1000克，待油温升至五六成热时（180℃～220℃），逐一用筷子夹住鱼肉两端，放入油锅时，上下抖动，使鱼肉散开，呈菊花状；炸制定形，外焦呈金黄色捞出沥油，摆入盘中。

(2)另置炒锅上火，底油20克，下入番茄酱100克，炒红，入清水烧开，加入白糖，少许盐，饱和后，淋入水淀粉，稠化时入白醋，点油，起锅，将汁淋匀在摆好的鱼上即可。

5.操作关键：

(1)鱼肉要整理干净，刀工要均匀；

(2)拍粉要均匀，要抖净余粉；

(3)炸制时用筷子夹住鱼肉两端，放入油锅时，上下抖动，使鱼肉散开，呈菊花状；

(4)熬制糖醋汁时，不可太稠或太稀。

6.菜品特点：

甜酸适口，油而不腻，酥脆软嫩。

芝麻牛排

1. 原料：

主料：牛里脊肉 200 克。

配料：芝麻 100 克。

调料：鸡蛋黄 60 克、色拉油 50 克、料酒 5 克、胡椒粉 1 克、盐 2 克、味精 1 克、小麦面粉 10 克。

2. 加工：

(1) 将牛里脊肉洗净，顶丝切成 3 块，肉纤维直放于砧板上，用刀背砸成饼状；

(2) 将芝麻洗净控去水分；

(3) 牛里脊加入少许料酒、胡椒粉、精盐、味精，腌制 5 分钟，然后在其表面先拍上面粉，再顺序蘸上鸡蛋黄液、芝麻后，用手拍实。

3. 烹调：

锅上火，加入色拉油，烧至五六成热时，加入牛排炸成金黄色时捞出，然后切成宽 2 厘米的条块，码放盘内食用。

4. 操作关键：

(1) 牛肉要大小厚薄均匀；事先要腌制入味。

(2) 要先拍一层面粉，再蘸蛋黄液，芝麻要拍匀，压实，防止油炸时脱落。

(3) 油炸的油温要高一些，但不能炸煳芝麻，保持芝麻金黄色。

5. 菜品特点：

色呈金黄，里鲜嫩，味清香。

锅塌豆腐

1. 原料：

主料：北豆腐 400 克。

辅料：鸡蛋黄 130 克、面粉 100 克。

调料：大葱 5 克、姜 2 克、色拉油 75 克、精盐 10 克、味精 5 克、料酒 5 克。

2. 加工：

豆腐切成 16 片，加盐、味精腌 10 分钟，放入面粉中两面粘裹均匀，再粘上一层蛋汁备用，大葱、生姜去皮洗净，切末。

3. 烹调：

(1) 锅置火上，加入色拉油烧至 5 分热时，下豆腐片煎至皮色金黄即捞出沥油，并修去多余、不均整的蛋衣。

(2) 锅内放油 10 克，以大火烧热，下葱花、姜末爆香，加入料酒、高汤、精盐、煎好的豆腐，大火烧开，转中小火煮至锅内汤汁快干时，用少许水淀粉勾芡，再淋入香油，即可出锅。

4.操作关键：

(1)豆腐块大小厚薄均匀一致；

(2)豆腐块要事先腌制，保持入味；

(3)蛋液要蘸制均匀，煎制时，不要煎碎；煎制结壳金黄色即可；

(4)烧制时要大火烧开，中火收汁。

5.菜品特点：

豆腐鲜嫩，鲜香味美。

第十一章

码味工艺

第一节　码味的概念和作用

一、码味的概念

码味又称入味、着味,就是按成菜的要求,在菜肴的烹制前,对原料加入一定数量的调味品进行基础调味的操作技术。一般常用炒、熘、爆、蒸、炸、炝等,它直接影响菜肴的味感和质感。

二、码味的作用

1. 去除异味

有些动物性原料具有较强的腥、臊、膻异味,原料不宜直接烹调,可以通过加调料码味,使原料之间发生相互抵消作用或减轻异味效果,并具有增加鲜香的作用。原料经过码味,在精盐、料酒、姜葱、花椒、香料、酱油等调味品的作用下,能在一定程度上解除腥、膻、臊、土、涩等异味,增加鲜香味。

2. 渗透入味

原料在烹制前经盐等调味品码味后,使调味品中的咸味、香鲜味渗入原料中,特别是一些炸制类菜肴,在烹调中不容易进行调味,需要实现腌制,渗透入味。渗透入味原料在烹制前经精盐等调味品码味后,使调味品中的咸味、香鲜味渗透入原料内,能增加菜肴的滋味,使之回味悠长,不致产生进口有味、咀嚼乏味的现象。

3. 保持原料的细嫩鲜脆

肉类原料经过码味,在盐和碱以及致嫩剂的作用下,能提高肉类原料的持水性,使原料成菜后具有良好细嫩质感。蔬菜类原料,在精盐的渗透作用下,能析出过多水分,使其易于吸收其他调味品,使颜色鲜艳,菜肴质感细嫩鲜脆。

4. 原料上色作用

对于肉类原料,加入一些有色调料如酱油、糖色、蜂蜜等,对原料成熟后具有上色功能,呈现色泽金黄或红润,增加菜品的色感及味感,如烤鸭、炸鸡腿等。

第二节　码味的方法

原料码味在盐、白糖、料酒、葱、姜、花椒、香料、酱油等调味品的作用下,在一定程度上起到解除腥、膻、臊、土、涩等异味,具有打底味、增加鲜香味的作用。

一、咸味类调料

咸味类调料品主要有食盐、酱、豆豉等各种调味品。

咸味调料可以使肉类的肌原纤维中的盐容性肌蛋白在咸味(盐)作用下不断搅拌而被游离出来,增加蛋白质的亲水能力,不断搅拌使肌肉的柔嫩性得到一定程度的改善,使成菜后质地细嫩。

咸味类调料在码味过程中具有渗透作用使原料的水分脱出,并把调味料渗透原料内部,使原料入味,加热后风味独特。

咸味类调料还有调色和上色的作用。原料用有色的咸味调味品码味腌制入味后,通过炸、烤、卤、酱等烹调技法,原料成熟后色泽美观,达到菜品色泽要求。

咸味类调料还可增加菜肴的基本味,突出鲜香味。原料经过一段时间腌制,对一些整只或料形较大的原料,起直接调味作用。

二、其他类调料

其他类调料包括葱、姜、蒜、料酒、八角、花椒等香料。先将所有调味品装入碗内,调匀后,再与原料拌和均匀。

要区别不同情况进行码味,大型的原料要腌制码味时间长一些;小型原料腌制码味时间要短一些;需要挂糊、上浆的,则在挂糊、上浆前进行码味。

1.由精盐、五香粉、葱、姜、花椒等调料进行的码味,以突出五香味为主,一般用于炸、蒸、炸收等类菜肴。

2.由精盐、胡椒、葱、姜、料酒等调料进行的码味,以突出咸鲜味为主,主要用于蒸类菜肴。

3.由精盐、葱、姜、料酒、花椒等调料进行的码味,以突出咸鲜和葱姜香味为主,此种方法用于炸、蒸、炸收、熏等菜肴。

4.由精盐、料酒、酱油或只有精盐等调料进行的码味,用在原料上浆前,主要用于爆、炒、熘等菜肴。

5.由精盐、料酒、火硝、花椒等调料进行的码味,一般适合于腌、卤、酱、熏、烤等类菜肴。

6.只用精盐码味,适合于蔬菜类原料,以便渗透入味,保持原料的细嫩鲜脆。一般用于炒、炝、干煸、凉拌等类菜肴。

三、码味的原则

1.与原料充分拌匀

将码味的调味品配合调匀放入原料后,拌和均匀,码味均匀,才能达到码味的预期效果。

2.按照成菜要求,有所突出

码味的多种调味品,一般要严格按照成菜要求,在组合上有所突出。如五香味的菜肴应重用香料和五香粉。不是五香味的菜肴,只借助五香粉和香料的增香作用,其用量就绝不能喧宾夺主;对腥臊等异味较重的原料,应重用料酒葱姜等;本味较佳的原料烹制时应突出鲜味,调味品起着辅助作用。

3.要根据烹调方法而灵活运用

如醪糟汁、酱油,极易在炸制时使原料上色,使成菜的色泽较难把握。因此,在制作炸类菜肴的原料的码味时,最好慎用或不用,或以料酒、曲酒、白酒、精盐代替。又如炒、熘、爆类菜肴,有的要求成菜后色泽棕红或深黄,其原料的码味,就可加酱油,以获得良好的效果。

4.正确掌握码味的时间

码味的时间应根据烹制要求而定,一般作为炒、熘、爆、清蒸类的菜肴的原料,码味时间以拌匀即入锅烹制为准;而作为炸、蒸、熏、腌、卤、烤、拌类菜肴的原料,码味时间应根据需要而定。一般而言,作为咸鲜味型菜肴的原料码味时间短,五香味型的时间长。咸味重的时间长,咸味轻的时间短;异味重的时间长,香味好的时间短。

5.保持蔬菜类的色、形、质地

蔬菜类的原料,用精盐码味后,以自然滴干水分为宜,不能用手挤压或重物积压,以免影响原料的色、形、质地而降低菜肴的质量。

6.精盐用量适当

使用食盐码味,要严格掌握其用量,过多或过少都会影响成菜的质量。

第三节　码味范例

炸里脊

1.原料：

主料：猪里脊肉 200 克。

调料：味精 2 克、料酒 10 克、精盐 2 克、香油 3 克、椒盐 1 碟、葱姜各 10 克。

辅助料：鸡蛋 4 个、淀粉 100 克。

2.加工：

(1)里脊肉洗净，切成 4 厘米长、2 厘米宽的薄片，放入一个干净的碗中，加精盐、味精、料酒、葱姜拌匀，腌制至少 30 分钟以入味。

(2)鸡蛋清打入碗中，用筷子沿着一个方向搅打，一直打到可以立住筷子(类似蛋糕中的鸡蛋打发过程)，再加入干淀粉，顺着一个方向搅打，打成蛋糊。

3.烹调：

锅中放足量的猪油，开大火烧到五成热，将腌制好的肉片，挂上蛋糊后放入锅中。用筷子轻轻翻动肉片，炸制 5 分钟左右；全部炸熟后装盘，淋上香油，连同椒盐一起上桌。

4.操作关键：

(1)里脊片大小厚薄要一致；

(2)炸之前，一定要立即码味腌制；

(3)调制的糊不可太稠或太稀；

(4)炸制时要控制好油温。

5.菜品特点：

外焦里嫩，香味浓郁。

1.什么是码味？码味对菜肴有什么作用？

2.码味的方法有哪些？举例说明。

第十二章

装盘工艺

第十二章 装盘工艺

第一节 装盘的概念和作用

一、装盘的概念

菜品盛装，行业上习惯称为装盘，就是将可食菜品整齐、有序、美观、洁净地装入盛器中的操作过程。它是整个菜肴制作过程中的最后一道工序，也是一项很重要的技术操作。它不仅关系到菜肴外观形态的美观，而且涉及菜肴的清洁卫生。但装盘，并非一件你"想学就能学"，一学就"立竿见影"的事。

菜品装盘更要考虑"餐厅等级"。所谓"等级"，其实就是餐厅消费者定位。因为不同消费层级的人，对装盘的需求也会不同。就像人的需求分生理需求、安全需求、社交需求、尊重需求一样，菜品装盘根据餐厅定位不同，也分不同的层级。

一级：解决消费者日常三餐，消费人群注重性价比，装盘呈现为量大价优。

二级：解决消费人群的初步消费升级，即对产品品质的需求。装盘呈现要标准、原材料要可视化安全，量大价优的性价比模式可相对忽略。

三级：满足消费者的分享欲望。装盘需要有一定的可视化美观，让人产生拍照欲望，进行社交分享。

四级：给消费者一个身份的认可，需要设置消费门槛，划分消费层级。让能够体验到菜品的人，有一种被特殊对待的感觉。

二、装盘的基本要求

1.丰润整齐，突出主料

菜肴应该装得饱满丰润，不可这边高，那边低，而且要突出主料。如果菜肴中既有主料又有辅料，则主料要装得突出醒目，不可被辅料掩盖，辅料则应对主料起衬托作用。例如回锅肉，装盘后应使人看到盘中肉片很多，如果装盘后让其他辅料掩盖了肉片，就喧宾夺主了。即使是单一料的菜，也应当注意突出重点。例如清炒虾仁，虽然一盘中都是虾仁，但要运用盛装技术把大的虾仁装在上面，以增加饱满丰富之感。

2.色与形和谐美观

装盘时还应当注意整个菜肴的色和形的和谐美观，运用盛装技术把原料在盘中排列成适当的形状，同时注意主辅料的配置；使菜肴在盘中色彩鲜艳、形态美观。例如下巴划水，应将划水（青鱼尾巴）在盘中交叉排列；红烧肚档应将肚档（青鱼腹部)平行整齐排列;又如南乳肉应装在盘的正中,四周或两头用绿叶菜围边,以使色泽更加鲜艳。

3.盛装动作敏捷、协调,分装菜品要均匀

如果一锅菜肴要分装几盘,那么,每盘菜必须装得均匀,特别是主辅料要按比例分装均匀,不能有多有少,而且应当一次完成。因为如果发现有的装得多,有的装得少,或前一盘装得太多,发现后一盘不够,而重新分配,势必破坏菜肴的形态。而且把装得多的盘中沿着盘边拨下,一定会卤汁淋漓,影响美观。

4.注意食品及操作卫生

菜肴经过烹调,已经起了消毒杀菌作用。如果装盘时不注意清洁卫生,让细菌或灰尘沾染上菜肴,就失去了烹调时杀菌消毒的意义。为此,应当做到以下几点:

(1)菜肴必须装在经过消毒的盛具内。

(2)手指不可直接接触成熟的菜肴。

(3)在装盘时不可用手勺敲锅,锅底不可靠近盘的边缘,更不应用不卫生的抹布揩擦盘边,使已消毒的盛具重新污染。

三、菜品与盛器的配合原则

1.菜肴的分量与盛器大小相适合

根据菜肴的分量和形状,选择大小合适的盛器。如果选择的盛器过小,则盛器显得太局促;选择盛器过大,则盛器过于空旷,很不和谐。汤羹类菜肴不能装得过多或过少,一般占盛器的80%～90%。

2.菜肴与盛器形状相宜

菜肴的品种繁多,应根据菜肴的特点和形状、汤汁的多少选择适合的盛器。一般而言,炒菜用圆盘或腰盘;汤汁较多的煮烩菜可用窝盘;汤菜用汤碗;高级汤菜用瓷品锅;扒菜用扒盘;整鸡、整鸭则用长腰盘。用竹笼、气锅、砂锅制作的菜肴,不另用盛器,即可上席。此外,适当选用异型盛器或用洗净消毒的动物外壳(如海螺、蟹壳等)作盛器入席,能增加宴席欢乐的气氛。

3.菜肴的色泽与盛器的色调应协调

菜肴的色泽与盛器的色调应协调,和谐美观。如色泽洁白的"熘鸡脯"用白盘盛装,则不能衬托菜肴的色泽美,如果用色调淡雅的青色或淡蓝色花边瓷盘盛装,则色彩搭配柔和雅致。"干烧鱼""红烧蹄膀"等深色菜肴,宜选用浅色或白色盘盛装。由于色彩对比强烈,使人感到鲜明醒目,再用绿色蔬菜点缀,色彩过渡就较为自然。另外,选用盛器应注意冷暖色的运用,如蓝色常能联想起蓝天和大海,使人感觉冷;红色常能联想起红日,使人感觉热。随季节变化灵活选用盛器,能给人以赏心悦目的感觉。

4.菜肴的档次与盛器的质地要相称

高档餐具(金器、银器等)做工精细,造型别致、色调考究,专门用于盛装高档菜肴。一道制作精美的菜肴,如果用质量低劣的盛器盛装,会降低菜肴的身价;反之,一道普通菜肴用贵重餐具盛装,会产生不协调和华而不实的感觉。

第二节　装盘的方法

菜品盛装有两类，一是热菜的盛装，二是冷菜的装盘方法，不论哪一类，具体方法都很多，应根据菜肴的形态、特点、芡汁的浓度、汤汁的多少及烹调方法的不同，灵活运用具体盛装方法。

一、热菜的盛装

1. 炸制、煮制类菜肴的盛装

要求：此类菜肴是以油或水为传热介质使原料成熟，菜品特点是无汁无芡。

方法：用漏勺捞起原料，沥净油或水，块块分开。然后用排勺或筷子等工具将菜肴拨入盛器内，去掉渣状物，再适当调整，使菜肴排放整齐或堆放饱满，形状大的先改刀再盛装。如果装盘后菜肴的形态不够美观，可用筷子将菜肴略微拨动调整，使其均匀饱满，切不可直接用手操作，造成污染。如干炸里脊、干炸丸子、雪丽凤尾虾、炸板肉、锅烧鸭、萝卜鱼等。

2. 炒、爆类菜肴的盛装

要求：炒、爆类菜肴的特点是组成菜肴原料的形状较小，汤汁较少或芡汁薄而紧。

方法：

(1) 一次倒入法。适用于单一料或主配料无显著差别、质嫩易碎及勾芡的菜。装盘前应先大翻锅，将菜肴全部翻个身；倒入时速度要快，锅不易离盘太高，将锅迅速地向左移动，使原料不翻身，均匀摊入盘中，例如糟熘鱼片，因鱼片很鲜嫩，极易破碎，不可用手勺拨动，菜用一次倒入法，使鱼片整齐均匀地摊入盘中。

(2) 分主次倒入法。适用于主料、配料差别比较显著的勾芡的菜，装盘前先将主料较多或主料成形较好的一部分菜肴用手勺盛起，再将盘中余菜倒入盘中，最后将手勺中的菜肴铺盖在上面。例如炒腰花在装盘时，一般先将腰花较多、花形较好的一部分用手勺盛起，再将锅中的余菜倒入盘中，然后将手勺中的菜铺在上面，以突出主料，使其成菜美观。

(3) 翻盖法。适用于基本无卤汁，勾厚芡的爆菜。装盘前先翻锅几次，使锅中菜肴堆聚在一起，在最后一次翻锅时，用手勺趁势将一部分菜肴接入勺中，装进盘内，再将锅中余菜全部盛入勺中，覆盖盘中，覆盖时可将手勺略向下轻轻地按一按，使其圆润饱满，因为这些菜肴卤稠而黏性大，不宜用倒的方法。

(4)左右交叉轮拉法。适用于形态较小，不勾芡或勾薄芡的菜。装盘前应先颠翻，使形大的或主料翻在上层，形小的或配料翻在下层，然后用手勺将菜肴拉入盘中。拉时应左边拉一勺，右边拉一勺，交叉轮拉，使形小的或配料垫底，形大的或主料盖面。例如清炒虾仁装盘时，应把大虾仁翻在上面，小虾仁翻在下面，然后把大虾仁用手勺，轻轻地拉在锅内的左边，再用手勺把小虾仁左右轮流向盘中交叉斜拉，每勺不宜拉得太多，更不可直拉，以免大虾倾滑下来，大小虾又混在一起。待大虾仁全部拉完，最后将大虾仁拉盖在上面。

3. 熘、烧、焖类菜肴的盛装

要求：熘、烧、焖类菜肴成品都带有一定数量的汤、芡。

方法：

(1)拖入法：适用于整只原料(特别是整鱼)烹制的菜肴。装盘时，先将锅做小幅度颠动，并趁势将手勺插到原料下面，然后将锅端近盘边，锅身倾斜，用手勺连拖带倒的把菜肴拖入盘中。拖入时锅不宜离盘太高。例如红烧全鱼、干烧全鱼等菜肴都是用这种方法装盘。

(2)盛入法：适用于不易散碎的块形菜肴。装盘时，用手勺先将小的、形差的块盛入盘中，再将大的、形好的块盛在上面。勺边不要戳破菜肴，勺底粘有汤汁应在沿上刮下，以免汤汁滴在盘边，影响美观。例如黄焖鸡块、家常豆腐等菜肴都是用这种方法装盘。

4. 蒸、扒类菜肴的盛装

要求：蒸、扒类菜肴的特点一般都是形态较整齐美观。

(1)扣入法：适用于事先原料改刀成形后在碗中将主配料排列图案，或排列得整齐圆满的菜肴。装盘前，先将原料逐块(片)紧密地排列在碗中，将原料正面向着碗底，先排好的、大的，再排差的、小的，不能排得太多或太少，以排平碗为宜，要求整齐协调。排好后上笼蒸熟取出，把空盘反盖在碗上，然后迅速将盘碗一起翻转过来，将碗拿掉即成，然后调制原汁浇在上面即可。翻转盘碗时，动作必须要迅速，否则卤汁将沿盘边流出，影响美观。扣入法装盘的菜肴圆润、整齐、美观。例如云片猴头、梅干菜蒸肉等就采用这种方法装盘。

(2)扒入法：适用于在锅中排列成整齐的平面或图案，装盘后仍不改变其排列形状的菜肴。装盘前，先从锅边的四周加油，并将锅晃几下，使得油润入菜肴下面，然后将锅倾斜，把菜肴溜到盘中。倒入时，锅不宜离盘太高，一面倒，一面将锅迅速向左移动，这样才能使排列好的形状不变，保持原来的样子。例如扒三白、扒菜心等菜肴都是用这种方法装盘。同时，此方法还适用于塌、煎、贴等类菜肴的盛装。

5.烩类菜肴和汤菜的盛装

烩菜装盘时,羹汤一般应占盛器容积的90%左右,如果太多,易于溢出,而且在上席时手指也易接触汤汁,影响卫生。但也不可太浅,太浅则不丰满。另外,有些菜需要主料浮在上面,装盘时,应先将主料盛在勺中,再将其余部分装入盘中,然后将手勺中的主料倒在上面。

汤菜盛碗时,一般以盛至碗边沿三分上下处为宜。大型原料应将菜肴整齐地扣入碗中,再将汤沿碗边缓缓倒入,以免影响形状和汤汁飞溅出碗外;小型易碎的原料扣入碗中后,应用手勺将菜肴盖住,再将汤从手勺上倒下,以保持菜肴形态美观。

要求:烩类菜肴和汤菜汤汁较多,多用汤盘。

(1)盛入法:用排勺直接盛入盛器内。

(2)倒入法:将菜肴直接倒入盛器内。

二、冷菜装盘

1.冷菜的装盘标准与要求

(1)刀工要整齐

冷盘拼摆过程中,最为基础的是要有熟练的刀工技法,娴熟的刀法是创造高质量冷菜拼盘的根本保证。

形状上要符合质量要求,因此除了掌握一般切生料的刀法外,还要掌握好锯切、抖刀切、花刀切和各种雕刻刀法。

(2)色彩要和谐

拼摆时一般采用对比强烈的颜色相配,避免使用同色和相近色相拼,无论是一桌席的冷菜,还是一盘冷菜,都应注意这一点。

色彩上应艳而不俗,淡丽不素。还需注意根据季节的变化来配色,冬暖色,夏冷色,春秋花色。

(3)装盘要合理

装盘不单指菜肴的形和色,同时也涉及菜肴的味汁,所以装盘时必须考虑到菜肴味汁之间的配合,尤其是拼摆什锦拼盘和花色冷盘更要注意将味重的和味淡的、汁多的和汁少的分开,避免"串味"而相互干扰。

(4)盛器要协调

盛器的选择应与冷盘类型、款式、原料色泽、数量以及就餐者的习俗相协调,相适应,做到格调雅致,虚实有序。

一是盛器的色彩与菜肴的色彩相协调。这应以突出、衬托菜肴造型为原则。

二是盛器的形状与菜肴的形状相适应。盛器的种类较多,形状不一,各有各的用途,在选用时必须根据菜肴的形状来选择相适应的盛器。

三是盛器的规格与菜肴的数量相适应。根据冷菜数量的多少来选用合适的盛器,高雅而美观,实而不肿,虚而不空。

(5)用料要合理

用料要合理,一是指拼摆时,做到硬面和软面要很好地结合,二是指装盘时物尽其用。由于原料和原料部位的质地不同或不完全相同,有的可选作刀面料,有的可选作垫底料,要物尽其用。

2.冷菜装盘方法

(1)排

将熟料平排成行地排在盘中叫排。排菜的原料,大都有单盘、拼盘、花色冷盘等三种。用较厚的方块或腰圆块(椭圆形),且有各种不同排法:"油爆虾"或"盐水虾"宜剥去头部的壳后,两只一颠一倒拼成椭圆。

(2)堆

堆就是把熟料堆放在盆中,一般用于单盆,如荤菜中的卤肫肝、酱牛肉、叉烧肉、油爆虾等,素菜中的拌干丝、卤汁面筋、拌双冬等。在堆的时候也可配色,堆成花纹,有些还能堆成很好看的宝塔形。

(3)叠

迭是把加工好的熟料一片片整齐地叠起,一般造成梯形,迭时需与刀工结合起来,随切随叠,切一片迭一片,迭好后铲在刀面上,再盖到已经用另一种熟料垫底盖边的盆中。如火腿片、白切肉片、猪舌、牛肉、羊羔、盐水肫、卤腰、如意蛋卷、素火腿等,都是采用这种装盘方法。

(4)围

将切好的熟料,排列成环形,层层围绕,叫做围。用围的装盘方法,可以将冷盘制成很多花样。有的在排好主料的四周,围上一层辅料来衬托主料,叫做围边。有的将主料围成花朵,在中间用另一种辅料点缀成花心,叫做排围。如将皮蛋切成瓦楞形围成花形,中心撮一些火腿末或肉松,作为花心,形状就更美观。

(5)摆

是运用各式各样的刀法,采用不同形状和色彩的熟料。装摆成各种物形或图案,如凤凰、孔雀、雄鸡等,叫做摆。这种方法需要有熟练的技术,才能摆得生动活泼,形象逼真。

(6)覆

将熟料先排在碗中或刀面上,再翻扣入盘中或菜面上叫做覆,如冷盘中的油鸡、卤鸭,斩成块后,先将正面朝下排扣碗内,加上卤汁,食用时再翻扣入盘里。

第三节　装盘范例

实例示范

1.原料：

酱牛肉500克。

2.制作过程：

(1)将酱牛肉修改成长方块，其余料切成薄片。

(2)将牛肉片在盘中堆成馒头形。

(3)用锯切法锯切牛肉块，切好的牛肉保持整齐不散，然后用刀将切好的牛肉片轻拍成扇面形，均匀拼摆在圆锥体的一周。

(4)将剩下的牛肉片均匀盖在圆锥体上面，完成装盘。

3.操作关键：

(1)牛肉大小厚薄要一致；

(2)垫底的面要修平整；

(3)扇面牛肉厚薄要均匀；

(4)扇面间距及弧度要均匀。

4.特点：

形状美观、匀称、大方。

1.什么是装盘？装盘有哪些方法？

2.装盘的基本要求有哪些？

3.热菜的装盘有哪些？

第十三章

盘饰工艺

第十三章 盘饰工艺

第一节 盘饰的概念和作用

一、盘饰点缀的概念

菜肴的美化也称为盘饰点缀,就是在菜肴盛装好后的适当位置放一些物品,对菜肴的整体形态及色彩进行衬托、点缀、装饰的操作过程。

盘饰就是对盘子装饰,一是美观看着舒服;二是增加食欲;三是对菜的档次有一定的提升,盘饰只是和一些精华部分结合,最常见的盘饰就是用鲜花、叶子之类的东西摆在盘子上点缀,现在盘饰发展日新月异,各种创新很快,有果酱化盘饰、色素化盘饰等。

二、盘饰点缀的作用

1.对菜肴色彩造型给予补充、画龙点睛

一盘普通菜肴,如果我们注意适当装饰,同样会使人产生美感。诸如:鲁菜的"炒虾片",如果我们不给它加以点缀,它也不过是一盘较好的普通菜肴。当烹制时,给它配上几片小菜心、盘边点缀几朵鲜花,效果就截然不同了。洁白如雪的虾片,衬着几点碧绿的菜心,在色彩上有了鲜明的对比,盘边所饰的鲜花,真有万绿丛中一点红、白雪之中春意浓的趣味。通过这简单的点缀,既省时省料,又能提高菜肴的观赏价值。

2.衬托平衡

菜肴形态,有时会给人一种头重尾轻的不舒适感,这种感觉多出现在鱼类菜肴中。由于鱼本身形状具有其特征,特别是烹制整条鱼时,是无法改变这种状况的,那么,只有通过适当点缀装饰,才能使其趋于平衡,给人以平衡的美感。诸如"红烧鱼",在点缀时,应把点缀的花朵放置在鱼尾的背部,这样就使鱼趋于平衡了。平衡是菜肴形式美中的规则之一。所以,我们在点缀菜肴时,要本着这一规则,让菜肴更加美观悦目。

3.突出菜肴的整体美观

通过视觉,直接给人以美与不美的感受。而菜肴的点缀,恰恰又能够弥补这种美中不足。例如我们在菜肴的制作过程中,难免要有一些技术上的失误或误差,如烹制"红烧鱼",在出勺时,由于不慎将鱼的表皮弄破了,这样上桌当然不美观,有经验的烹饪师则会用一些香菜叶加以点缀,这种点缀既起到了"遮丑"又有了美化的作用。作为一名优秀的烹饪师,不但要有调味的绝技,还要掌握这种烹饪之中的辩证法,合理运用菜肴点缀的技艺。

4.使菜肴的色、香、味、形、意更加完美,以动衬静、活跃气氛

菜肴的形态,成形于器皿之中,无论是高档菜肴,还是普通菜肴,无论是热菜,还是冷菜,往往存在着一种呆板之感。这种感觉,有时是因原料本身形态所造成的,有时也是由布局不当或其他原因所致。如果我们点缀得当,就能把全盘菜肴带活,使之富有动感,因此也提高了菜肴的艺术性,在给人以美味的同时,又给人以精神和艺术的享受,它不但渲染烘托了宴席的气氛,而且起到了增进食欲的作用,给人以美的享受。

三、菜肴美化的基本原则

根据菜肴的实际需要进行点缀。围边是对菜肴装饰的基本方法,如果菜肴在装盘后,在色形上已经有比较完美的整体效果,就不应再用过多的装饰,否则,会有画蛇添足之感,失去原有的美观。如菜肴在装盘后的色、形尚有不足,需用围边和点缀进行装饰,就应考虑选用何种色、形的原料,如何进行装饰,应从以下几方面综合考虑。

1. 卫生安全

装饰美化是制作美食的一种辅助手段,同时又是传播污染的途径之一。蔬果饰物一定要进行洗涤消毒处理,尽量少用或不用人工色素。装饰美化菜肴时,在每个环节中都应重视卫生,无论是个人卫生还是餐具、刀具卫生都不可忽视。

2. 实用为主

菜肴装饰美化的实用性,实质上就是装饰物能够食用,方便进餐,而不是做摆设。所以,以食用的小件熟料、菜肴、点心、水果作为装饰物,来美化菜肴的方法就值得推广;而采用雕刻制品、琼脂或冻粉、生鲜蔬菜、面塑作为装饰物,来美化菜肴的方法就应受到制约。

3. 经济快速

菜肴进入筵席后往往被一扫而空,其装饰物没有长期保存的必要,加之价格、卫生等因素及工具的限制,不可能搞很复杂的构图,也不能过分地雕饰和投放太多的人力、物力和财力。装饰物的成本不能大于菜肴主料的成本。

4. 协调一致

首先,装饰物与菜肴的色泽、内容、盛器必须协调一致,从而使整个菜肴在色、香、味、形诸方面趋于完整而形成统一的艺术体。其次,筵席菜肴的美化还要结合

筵席的主题、规格、与宴者的喜好和忌讳等因素。

四、菜肴装饰物的选择

(一)装饰物的含义

装饰物是放在盘上或汤碗中附加于主要食物的任何食品。装饰物可以使食物美观,但它并不是重点。

可用于菜肴的装饰物很多,有植物性原料,也有动物性原料,可根据具体情况具体选择原料。在选择原料时必须注意三个问题:

第一,所选的原料必须能直接食用;

第二,所选的原料必须符合卫生要求,最好少用或不用人工合成色素;

第三,所选的原料颜色必须鲜艳,形状利于造型。

(二)装饰物的原料及运用

1. 水果类

如糖水橘子、樱桃、苹果、菠萝、柠檬、西瓜、香瓜、香蕉、杧果、猕猴桃等,色彩各异,一般作为冷菜、甜菜的装饰原料,既可增色、组合成形,又可调节口味。

2. 蔬菜类

如胡萝卜、白萝卜、洋葱、青椒、黄瓜、绿叶菜、莴笋、海带、卷心菜、四季豆、竹笋、百合、藕、莲子、南瓜、银耳、琼脂、口蘑、草菇、金针菇、蘑菇、粉丝等,可刻成花卉或改刀成形,用于冷菜、热菜的装饰点缀,色形俱全,效果甚佳。另外,生姜、青蒜、香菜可切成丝或做花叶形状,用于炸制菜的点缀,既有助于色形的调配,又能起到一定的调味作用。炸粉丝经加工拼成各种花卉形态,也可用于菜肴的点缀。

3. 动物类

如熟牛肉、鸡蛋糕、香肠、炸虾片、海蜇头、猪舌、猪心、肴肉、鲍鱼、蛋松、蛋品、各种蓉胶、各种蛋卷等。

4. 果酱类

如草莓酱、苹果酱、番茄酱等,除此之外,还有一些如巧克力、沙拉、糖果等,均可用来作为盘饰的原料。主要采用裱花带、果酱笔、毛笔、果酱瓶等工具和各种颜色的果酱,目前来说制作果酱盘饰,用裱花带比较适用,裱花带口的大小可以自己定。注意颜色的搭配,主料的性质,菜品成品的性质。

(三)雕刻工艺及成品

雕刻工艺是指运用雕刻技术将烹饪原料或非食用原料制成各种艺术形象,用来美化菜肴、装饰筵席或宴会的一种工艺。根据雕刻使用原材料的不同,可分为果蔬雕、黄油雕、糖雕、冰雕及泡沫雕等种类,近来又出现了琼脂雕和豆腐雕。艺术欣赏是雕刻的根本目的,所以,从古至今,所有的雕刻制品都是以欣赏为主的,只有极少量的雕刻制品能够食用。

1.雕刻的主要类型

雕刻的类型主要有果蔬雕、黄油雕、糖雕(即糖塑)、冰雕、泡沫雕、琼脂雕、豆腐雕等。由于上述雕刻工艺的应用日益繁多,对雕刻的品质要求越来越高,目前已有专门的公司,从事冰雕、泡沫雕、黄油雕、蔬菜雕等对外加工业务,为宾馆酒店、婚庆礼仪公司、婚纱摄影公司及个人精心制作各种雕刻作品,给人以高档次的享受。

2.雕刻成品的应用

(1)用于筵席、宴会展台及桌面的装饰。果蔬雕刻作品常用于盛大的宴会、气氛的渲染和环境的美化,以及中、小型筵席、宴会台面的装饰和菜肴的造型、点缀及盛装,为整个筵宴起着烘云托月、锦上添花的艺术效果,具有独特的魅力。

(2)用于菜肴的美化。在冷菜中,雕刻作品对冷盘起着点缀美化的作用;在热菜中,能借助食品雕刻提高菜肴的艺术性。在水果拼盘中,可利用西瓜皮进行简单雕刻鱼、龙、凤、人物以及吉祥字样等的图案,插在水果之中点缀。

五、点缀围边的运用法则

菜品的点缀围边,在实际运用中应不停创新,但是万变不离其宗,点缀在实际运用中要遵照详细的运用法则。

法则一:冷热菜的点缀围边应以菜品的特色为依据来举行。详细表现为一是菜品的色泽,一般采用反衬法,若菜色为暖颜色,则点缀物为冷色,目的是突出菜品本色;二是菜品成菜的形态,如碎形原料,条、块、片等,可以采用全围点缀,而整形原料鸡、鱼、鸭或咸鸡腿、大虾等则可以采用中间点缀或对称、半围式点缀法;三是菜品的品种,如汤菜可以用不怕水,能浮于水面上的点缀物,而蒸菜、炒菜则可以因菜而异,如加丝点缀;四是菜品滋味,糖萝卜可以用甜味点缀物,麻辣味菜可以用味淡的点缀物,总之,要以不影响菜品的原有风味为宜。

法则二:宴会菜品的点缀要依据宴会的档次、欢迎的对象、详细菜品等举行摆设。一是一般的家宴,多为家常菜品要用普通的原料进行点缀,档次不要太高,不然,有主次不分之感;中档宴会的菜品比力讲求,要用特殊原料进行点缀,以免破坏整体气氛。二是需思量欢迎对象的要求与喜好,如是外来客人,应思量用当地的特色原料做点缀物,表现菜品地方风味,同时还应注意一些不受喜欢或忌讳的花草不可以用来点缀菜品,以免揠苗助长。三是思量欢迎对象的自身因素,包括年龄、性格、喜好等,年龄大的可以采用寄意长寿、祝愿的点缀物;年龄小的则可以采用颜色热烈、明白通畅的点缀物。

六、点缀、围边的注重事项

按照菜品的实际需要举行点缀,围边是对菜品装饰的基本要领,如果菜品在装盘后,在色形上已经有比例完善的整体效果,就不应再用过多的装饰,不然,会有弄巧成拙之感,失去原本的美而不雅。如菜品在装盘后的色、形尚有不足,需用围边和点缀进行装饰,就应思量选用何种色、形的原料,如何进行装饰,应从以下几方面综合思量。

1. 按照菜品成品的色泽装饰

围边、点缀料色的选择应以菜品的颜色为依据,如菜品色泽为冷色,就用少量暖颜色原料装饰;菜品的主色调是暖颜色,就用冷色原料装饰。以菜品的主色调为主,适当点缀和围边,使菜品的颜色凸显。

2. 按照菜品的形态确定装饰

用料、刀工、烹饪要领的不同,菜品的成品具备末、丝、丁、片、块、整形等不同的形状,若是末、丝、茸等料形烹制的菜品,可用围边进行装饰,这样可以使混乱菜品变得整洁;若是造型的菜品,则可以盘子中间适当点缀;若是整形烹制的菜品,就宜用局部点缀的要领进行装饰。

3. 按照菜品的口味确定装饰

以食用为主的装饰物,一定要思量其口味与菜品之间的关系,为了制止变味,一般甜的菜品宜选用水果相对于衬垫;煎炸菜应配爽口原料;咸鲜味的菜品就应选用咸鲜味的装饰物较好。如在白斩鸡上点缀红樱桃,就显得不协调了。

4. 注重清洁卫生

尤其是用未加工的原料点缀、围边,更要注重卫生,不然菜品易受污染。除此,点缀、围边还应思量疏密得当和与炊具的颜色的协调。

总之,用点缀、围边美化菜品时,要以衬映菜品的色形为主,力求调和自然,美雅得体。

第二节　盘饰的方法

一、点缀法

用少量的物料通过一定的加工，点在菜肴的某侧，形成对比与呼应，使菜肴重心突出，这类加工简洁、明快、易做。常见的用雕刻制品对菜肴的装饰多属于点缀手法。根据是否对称分为对称点缀和不对称点缀。

对称点缀的特色在于对称、协调、稳重。如单对称，多用于腰盘盛装的菜肴，在菜肴两旁对称地点缀；中心对称点缀，多见于圆盘盛装的块状菜肴，将点缀物置于菜肴中间部位，如同花蕊，所以又称花蕊式点缀。如金黄色"凤尾对虾"尾朝外码于盘中，中间饰以鲜红番茄花。此外还有双对称、多对称和交叉对称点缀等。对称的点缀物应同样大小、同样色泽、同样形状，在制作过程中，切忌两处不同样造型。三侧点缀属于不对称点缀，适用于圆形盛器。菜品多是精细的丝、片、丁、条或花刀块，在烹法上，以炸、熘、爆、炒、煎为主，如"油爆乌花"盘边三侧辅以碧绿黄瓜切成的佛手花，上置一颗红樱桃，赏心悦目。另外还有简单而最常见的局部点缀，一般用蔬菜、水果或食雕花卉等，摆放在盘子的一边，来点缀美化菜肴，弥补盘边的局部空缺，有时还能创造一种意境、情趣，如"松鼠戏果"中盘边用一串葡萄作为点缀物。

1. 局部点缀

指用各种蔬菜、水果加工成一定形状后，点缀在盘子一边或一角，以渲染气氛，烘托菜肴。这种点缀方法的特点是简洁、明快、易做。如用番茄和香菜叶在盘边做成月季花花边；用番茄、柠檬切成兰花片与芹菜拼成菊花形镶边等。

2. 对称点缀

指用装饰料在盘中做出相对称的点缀物。对称点缀适用于椭圆腰盘盛装菜肴时装饰，其特点是对称、协调，简单易掌握，一般在盘子两端做出同样大小、同样色泽的花形即可。如用黄瓜切成连刀边，隔片卷起，放在盘子两端，每两片逢中嵌入一颗红樱桃，做成对称花边等。

3. 中心点缀

在盘子中心用装饰料拼成花卉或其他形状，对菜肴进行装饰，它能把散乱的菜肴通过在盘中有计划的堆放和盘中心拼花的装饰统一起来，使其变得美观。如用玉米笋、荷兰芹、胡萝卜、樱桃等原料在盘中心拼成花饰等。

4.全围点缀

将装饰料通过一定的方法加工成形围在菜肴的四周,这种围边方法,较适用于圆盘的装饰,围出的菜肴比用其他点缀更整齐、美观,但刀工要求也较严格。如用煮熟去壳的鹌鹑蛋沿中线用尖刀以锯齿状切开,围在盘子四周;用黄瓜、玉米笋、胡萝卜、樱桃、蛋皮丝等拼成宫灯图案花边等。

5. 半围式点缀

运用点缀物进行不对称点缀围边,点缀物约占盘的三分之一,主要是追求某种主题和意境来美化菜肴。

二、围边法

也称"镶边",行业中有时做菜肴装饰美化的统称。围边较之点缀复杂,也可以说是若干个点缀物的组合,因此具有一定的连续性。恰如其分的围边可使菜品的色、香、味、形、器有机统一,产生诱人的魅力,刺激食者产生强烈美感及食欲。常见的方式有:几何形围边和具象形围边。

1. 几何形围边

是利用某些固有形态或经加工成为特定几何形状的物料,按一定顺序方向,有规律地排列、组合在一起,其形状一般是多次重复,或连续,或间隔,排列整齐,环形摆布,有一种曲线美和节奏美。如"乌龙戏珠"用鹌鹑蛋围在扒海参周围。还有一种半围花边也属于此类方法,半围法围边时,关键是掌握好被装饰的菜肴与装饰物之间的分量比例、形态比例、色彩比例等,其制作没有固定的模式,可根据需要进行组配。

2. 具象形围边

是以大自然物象为刻画对象,用简洁的艺术方法提炼出活泼的艺术形象,这种方式能把零碎散乱而没有秩序的菜肴统一起来,使其整体变得统一美观。常用于丁、丝、末等小型原料制作的菜肴。如"宫灯鱼米"用蛋皮丝、胡萝卜、黄瓜等几种原料制成宫灯外形,炒熟的鱼米盛放在其中。具象形围边所用的物象有动物类,如孔雀、蝴蝶等;植物类,如树叶、寿桃等;器物类,如花篮、宫灯、扇子等。

第三节　盘饰范例

实例示范 1

原料：

新鲜草莓 10 个。

制作过程：

将草莓一分为二分摆在盘子四周即可。

特点：

形状美观、匀称、大方。

实例示范 2

原料：

大黄瓜 2 根。

制作过程：

1.将黄瓜从中间剖开，然后 45 度角，切蓑衣片，三片连刀；

2.将黄瓜蓑衣刀分开，将中间一片卷成心状，夹在两片中间，其余黄瓜片依此类推；

3.将卷好的黄瓜片根部插在卷起的部分，依次摆起，在盘子围成一周即可。

特点：

形状美观、匀称、大方。

第十三章 盘饰工艺

思 考 题

1.什么是盘饰点缀？盘饰点缀有哪些方法？

2.盘饰点缀有什么特点和具体要求？

3.盘饰点缀时你出现错误的地方在哪，如何纠正？通过盘饰点缀请思考可以盛装哪些菜肴？

4.请你设计一种盘饰点缀的方法，并写出步骤。